中国三峡集团招标文件范本
项目类型：风力发电工程

U0864198

新能源工程类招标文件范本

（第二册）

（2017年版）

中国长江三峡集团有限公司 编著

中国三峡出版传媒
中国三峡出版社

图书在版编目（CIP）数据

新能源工程类招标文件范本．第二册：2017 年版/中国长江三峡集团有限公司编著．—北京：中国三峡出版社，2018.6

中国三峡集团招标文件范本　项目类型．风力发电工程

ISBN 978-7-5206-0048-4

Ⅰ.①新…　Ⅱ.①中…　Ⅲ.①三峡水利工程—风力发电—招标—文件—范本　Ⅳ.①TV7

中国版本图书馆 CIP 数据核字（2018）第 135918 号

责任编辑： 王　杨

中国三峡出版社出版发行

（北京市西城区西廊下胡同 51 号　　100034）

电话：（010）57082645　57082652

http：//www.zgsxcbs.cn

E—mail：sanxiaz@sina.com

北京华联印刷有限公司印刷　新华书店经销

2018 年 6 月第 1 版　2018 年 6 月第 1 次印刷

开本：787×1092 毫米　1/16　印张：11

字数：214 千字

ISBN 978-7-5206-0048-4　　　定价：58.00 元

编 委 会

前　言

1992年，经全国人大批准，三峡工程开工建设。中国长江三峡集团有限公司（原名“中国长江三峡工程开发总公司”，以下简称“三峡集团”）作为项目法人，积极推行“项目法人负责制、招标投标制、工程监理制、合同管理制”，对控制“质量、造价、进度”起到了重要作用。三峡工程招标采购管理的改革实践，引领了当时国内大水电招标采购管理，为国家制定招投标方面的法律法规提供了宝贵的实践经验。三峡工程吸引了全国乃至全世界优秀的建筑施工企业、物资供应商和设备制造商参与投标、竞争，三峡集团通过择优选取承包商，实现了资源的优化配置和工程投资的有效控制。三峡集团秉承“规范、公正、阳光、节资”的理念，打造“规范高效、风险可控、知识传承”的招标文件范本体系，持续在科学性和规范性上深耕细作，已发布了覆盖水电工程、新能源工程、咨询服务等领域的100多个招标文件范本。招标文件范本在公司内已经使用2年，对提高招标文件编制质量和工作效率发挥了良好的作用，促进了三峡集团招标投标活动的公开、公平和公正。

本系列招标文件范本遵照国家《标准施工招标文件》（2007年版）体例和条款，吸收三峡集团招标采购管理经验，按照标准化、规范化的原则进行编制。系列丛书分为水力发电工程建筑与安装工程、水力发电工程金结与机电设备、水力发电工程大宗与通用物资、咨询服务、新能源工程5类9册15个招标文件范本。在项目划分上充分考虑了实际项目招标需求，既包括传统的工程、设备、物资招标项目，也包括科研项目和信息化建设项目，具有较强的实用性。针对不同招标项目的特点选择不同的评标方法，制定了个性化的评标因素和合理的评标程序，为科学选择供应商提供依据；结合三峡集团的管理经验细化了合同条款，特别是水电工程施工、机电设备合同条款传承了三峡工程建设到金沙江4座巨型水电站建设的经验；编制了有前瞻性的技术条款和技术规范，部分项目采用了三峡标准，发挥企业标准的引领作用；对于近年来备受关注的电子招标投标、供应商信用评价、安全生产、廉洁管理、保密管理等方面，均编制了具备可操作性的条款。

招标文件编制涉及的专业面广，受编者水平所限，本系列招标文件范本难免有不妥当之处，敬请读者批评指正。

联系方式：ctg _ zbfb@ctg. com. cn。

编者

2018年6月

目　录

风力发电机组设备采购招标文件范本

风力发电机组设备采购
招标文件范本

QZ/CTG 05.03.V2—2017

________风力发电机组设备采购招标文件

招标编号：____________________

招标人：

招标代理机构：

20____年____月____日

使用说明

一、《招标文件》适用于中国长江三峡集团有限公司新能源项目的陆上风电场风力发电机组设备采购招标。

二、《招标文件》用相同序号标示的章、节、条、款、项、目，供招标人和投标人选择使用；以空格标示的由招标人填写的内容，招标人应根据招标项目具体特点和实际需要具体化，确实没有需要填写的，在空格中用“/”标示。

三、《招标文件》第一章的招标公告或投标邀请书中，投标人资格要求按照单一标段编写。多标段招标时，可并列编写各标段投标人资格要求。

四、招标人可以根据项目实际情况，对《招标文件》第二章“投标人须知”前附表第 1.12.2 项指明的“实质性偏差的内容”进行调整。

五、《招标文件》第三章“评标办法”采用综合评估法，各评审因素的评审标准、分值和权重等不可修改。

六、《招标文件》第五章“设备采购清单”由招标人根据行业标准、招标项目具体特点和实际需要编制，并与“投标人须知”、“合同条款及格式”、“技术标准和要求”、“图纸”相衔接。本章所附表格可根据有关规定作相应的调整和补充。

七、《招标文件》第六章“图纸”由招标人根据行业标准施工招标文件（如有）、招标项目具体特点和实际需要编制，并与“投标人须知”“合同条款及格式”“技术标准和要求”相衔接。

八、《招标文件》第七章“技术标准和要求”由招标人根据行业标准、招标项目具体特点和实际需要编制。“技术标准和要求”中的各项技术标准应符合国家强制性标准，不得要求或标明某一特定的专利、商标、名称、设计、原产地或生产供应者，不得含有倾向或者排斥潜在投标人的其他内容。如果必须引用某一生产供应者的技术标准才能准确或清楚地说明拟招标项目的技术标准时，则应当在参照后面加上“或相当于”字样。

九、《招标文件》将根据实际执行过程中出现的问题及时进行修改。各使用单位对《招标文件》的修改意见和建议，可向编制工作小组反映。

邮箱：ctg_zbfb@ctg.com.cn。

第一章　招标公告（未进行资格预审）

________（项目名称）招标公告

招标编号：

1　招标条件

本招标项目________（项目名称）已获批准采购，采购资金来自________（资金来源），招标人为________，招标代理机构为三峡国际招标有限责任公司。项目已具备招标条件，现对该项目进行公开招标。

2　项目概况与招标范围

2.1　项目概况

说明本次招标项目的建设地点、规模等。

2.2　招标范围

说明本次招标项目的招标范围、标段划分（如果有）、计划工期等。

3　投标人资格要求

3.1　本次招标要求投标人须具备以下条件：

（1）资质条件：________；

（2）业绩要求：________；

（3）信誉要求：________；

（4）财务要求：________；

（5）其他要求：________。

3.2　本次招标（接受或不接受）联合体投标。联合体投标的，应满足下列要求：________。

3.3　投标人不能作为其他投标人的分包人同时参加投标；单位负责人为同一人或者存在控股、管理关系的不同单位，不得参加同一标段投标或者未划分标段的同一招标项目投标；本次招标（接受或不接受）代理商的投标（如投标人为代理商，需获得授权）。

3.4 各投标人均可就本招标项目的________（具体数量）个标段投标。①

4 招标文件的获取

4.1 招标文件发售时间为_____年_____月_____日_____时整至_____年_____月_____日_____时整（北京时间，下同）。

4.2 招标文件每标段售价_____元，售后不退。

4.3 有意向的投标人须登录中国长江三峡集团有限公司电子采购平台（网址：http://epp.ctg.com.cn/，以下简称“电子采购平台”，服务热线电话：010－57081008）进行免费注册成为注册供应商，在招标文件规定的发售时间内通过电子采购平台点击“报名”提交申请，并在“支付管理”模块勾选对应条目完成支付操作。潜在投标人可以选择在线支付或线下支付（银行汇款）完成标书款缴纳：

（1）在线支付（单位或个人均可）时请先选择支付银行，然后根据页面提示进行支付，支付完成后电子采购平台会根据银行扣款结果自动开放招标文件下载权限；

（2）线下支付（单位或个人均可）时须通过银行汇款将标书款汇至三峡国际招标有限责任公司的开户行：工商银行北京中环广场支行（账号：0200209519200005317）。线下支付成功后，潜在投标人须再次登录电子采购平台，依次填写支付信息、上传汇款底单并保存提交，招标代理机构工作人员核对标书款到账情况后开放下载权限。

4.4 若超过招标文件发售截止时间则不能在电子采购平台相应标段点击“报名”，将不能获取未报名标段的招标文件，也不能参与相应标段的投标。未及时按照规定在电子采购平台报名的后果，由投标人自行承担。

5 电子身份认证

本项目投标文件的网上提交部分需要使用电子钥匙（CA）加密后上传至本电子采购平台（标书购买阶段不需使用 CA 电子钥匙）。本电子采购平台的相关电子钥匙（CA）须在北京天威诚信电子商务服务有限公司指定网站办理（网址：http://sanxia.szzsfw.com/，服务热线电话：010－64134583）。请潜在投标人及时办理，以免影响投标。因未及时办理 CA 影响投标的后果，由投标人自行承担。

6 投标文件的递交

6.1 投标文件递交的截止时间（投标截止时间，下同）为_____年_____月_____日

① 分标段时适用，根据项目情况修改。

______时整。本次投标文件的递交分现场递交和网上提交，现场递交的地点为________________；网上提交的投标文件应在投标截止时间前上传至电子采购平台。

6.2 在投标截止时间前，现场递交的投标文件未送达指定地点或者网上提交的投标文件未成功上传至电子采购平台，招标人不予受理。

7 发布公告的媒介

本次招标公告同时在中国招标投标公共服务平台（http://www.cebpubservice.com)、中国长江三峡集团有限公司电子采购平台（http://epp.ctg.com.cn)、三峡国际招标有限责任公司网站（www.tgtiis.com）上发布。

8 联系方式

招 标 人：________________	招标代理机构：________________
地 址：________________	地 址：________________
邮 编：________________	邮 编：________________
联 系 人：________________	联 系 人：________________
电 话：________________	电 话：________________
传 真：________________	传 真：________________
电子邮箱：________________	电子邮箱：________________

招标采购监督：________________

联 系 人：________________

电 话：________________

传 真：________________

________年____月____日

第一章　投标邀请书（适用于邀请招标）

______________（项目名称）投标邀请书

招标编号：

（被邀请单位名称）：

1　招标条件

本招标项目__________（项目名称）已获批准采购，采购资金来自__________（资金来源），招标人为__________，招标代理机构为三峡国际招标有限责任公司。项目已具备招标条件，现邀请你单位参加__________（项目名称）标段投标。

2　项目概况与招标范围

2.1　项目概况

说明本次招标项目的建设地点、规模等。

2.2　招标范围

说明本次招标项目的招标范围、标段划分（如果有）、计划工期等。

3　投标人资格要求

3.1　投标人应同时具备以下资格条件：

（1）资质条件：________________；

（2）业绩要求：________________；

（3）信誉要求：________________；

（4）财务要求：________________；

（5）其他要求：________________。

3.2　本次招标（接受或不接受）联合体投标。联合体投标的，应满足下列要求：________________。

3.3　投标人不能作为其他投标人的分包人同时参加投标；单位负责人为同一人或者存在控股、管理关系的不同单位，不得参加同一标段投标或者未划分标段的同一招标项目投标；本次招标（接受或不接受）代理商的投标（如投标人为代理商，需获得授权）。

3.4　各投标人均可就上述标段中的__________（具体数量）个标段投标。

4　招标文件的获取

4.1　招标文件发售时间为______年______月______日至______年______月______日______时整（北京时间，下同）。

4.2　招标文件每标段售价______元，售后不退。

4.3　有意向的投标人须登录中国长江三峡集团有限公司电子采购平台（网址：http://epp.ctg.com.cn/，以下简称“电子采购平台”，服务热线电话：010－57081008）进行免费注册成为注册供应商，在招标文件规定的发售时间内通过电子采购平台点击“报名”提交申请，并在“支付管理”模块勾选对应条目完成支付操作。潜在投标人可以选择在线支付或线下支付（银行汇款）完成标书款缴纳：

（1）在线支付（单位或个人均可）时请先选择支付银行，然后根据页面提示进行支付，支付完成后电子采购平台会根据银行扣款结果自动开放招标文件下载权限；

（2）线下支付（单位或个人均可）时须通过银行汇款将标书款汇至三峡国际招标有限责任公司的开户行：工商银行北京中环广场支行（账号：0200209519200005317）。线下支付成功后，潜在投标人须再次登录电子采购平台，依次填写支付信息、上传汇款底单并保存提交，招标代理机构工作人员核对标书款到账情况后开放下载权限。

4.4　若超过招标文件发售截止时间则不能在电子采购平台相应标段点击“报名”，将不能获取未报名标段的招标文件，也不能参与相应标段的投标。未及时按照规定在电子采购平台报名的后果，由投标人自行承担。

5　电子身份认证

本项目投标文件的网上提交部分需要使用电子钥匙（CA）加密后上传至本电子采购平台（标书购买阶段不需使用CA电子钥匙）。本电子采购平台的相关电子钥匙（CA）须在北京天威诚信电子商务服务有限公司指定网站办理（网址：http://sanxia.szzsfw.com/，服务热线电话：010－64134583），请潜在投标人及时办理，以免影响投标。因未及时办理CA影响投标的后果，由投标人自行承担。

6　投标文件的递交

6.1　投标文件递交的截止时间（投标截止时间，下同）为______年______月______日______时整。本次投标文件的递交分现场递交和网上提交，现场递交的地点为

________；网上提交的投标文件应在投标截止时间前上传至电子采购平台。

6.2　在投标截止时间前，现场递交的投标文件未送达指定地点或者网上提交的投标文件未成功上传至电子采购平台，招标人不予受理。

7　确认

你单位收到本投标邀请书后，请于______年______月______日______时整前以传真或电子邮件方式予以确认。

8　联系方式

招 标 人：________	招标代理机构：________
地　　址：________	地　　址：________
邮　　编：________	邮　　编：________
联 系 人：________	联 系 人：________
电　　话：________	电　　话：________
传　　真：________	传　　真：________
电子邮箱：________	电子邮箱：________

招标采购监督：________

联 系 人：________

电　　话：________

传　　真：________

________年____月____日

第一章　投标邀请书（代资格预审通过通知书）

________________（项目名称）投标邀请书

（被邀请单位名称）：

你单位已通过资格预审，现邀请你单位按招标文件规定的内容，参加__________（项目名称）标段投标。

请你单位于______年______月______日至______年______月______日______时整按下列要求购买招标文件（北京时间，下同）。

招标文件每标段售价______元，售后不退。

请登录中国长江三峡集团有限公司电子采购平台（网址：http：//epp.ctg.com.cn/，以下简称“电子采购平台”，服务热线电话：010－57081008）进行免费注册成为注册供应商，在招标文件规定的发售时间内通过电子采购平台点击“报名”提交申请，并在“支付管理”模块勾选对应条目完成支付操作。潜在投标人可以选择在线支付或线下支付（银行汇款）完成标书款缴纳：

（1）在线支付（单位或个人均可）时请先选择支付银行，然后根据页面提示进行支付，支付完成后电子采购平台会根据银行扣款结果自动开放招标文件下载权限；

（2）线下支付（单位或个人均可）时须通过银行汇款将标书款汇至三峡国际招标有限责任公司的开户行：工商银行北京中环广场支行（账号：0200209519200005317）。线下支付成功后，潜在投标人须再次登录电子采购平台，依次填写支付信息、上传汇款底单并保存提交，招标代理机构工作人员核对标书款到账情况后开放下载权限。

若超过招标文件发售截止时间则不能在电子采购平台相应标段点击“报名”，将不能获取未报名标段的招标文件，也不能参与相应标段的投标。因未及时通过规定的平台报名的后果，由投标人自行承担。

投标文件递交的截止时间（投标截止时间，下同）为______年______月______日______时整。本次投标文件的递交分现场递交和网上提交，现场递交的地点为________________；网上提交的投标文件应在投标截止时间前上传至电子采购平台。

在投标截止时间前，现场递交的投标文件未送达指定地点或者网上提交的投标文件未成功上传至电子采购平台，招标人不予受理。

你单位收到本投标邀请书后，请于______年______月______日______时整前以传真或电子邮件方式予以确认。

招 标 人：____________________	招标代理机构：____________________
地　　址：____________________	地　　址：____________________
邮　　编：____________________	邮　　编：____________________
联 系 人：____________________	联 系 人：____________________
电　　话：____________________	电　　话：____________________
传　　真：____________________	传　　真：____________________
电子邮箱：____________________	电子邮箱：____________________

招标采购监督：____________________

联 系 人：____________________

电　　话：____________________

传　　真：____________________

________年____月____日

附表：集中招标项目资格条件汇总表（格式）

序号	标段编号	标段名称	招标范围	资格条件要求	标书款金额	保证金金额	备注

第二章　投标人须知

投标人须知前附表

条款号	条款名称	编列内容
1.1.2	招标人	名称： 地址： 联系人： 电话： 电子邮箱：
1.1.3	招标代理机构	名称： 地址： 联系人： 电话： 电子邮箱：
1.1.4	项目名称	
1.1.5	项目概况	
1.2.1	资金来源	
1.2.2	出资比例	
1.2.3	资金落实情况	
1.3.1	招标范围	本项目招标范围如下：
1.3.2	交货要求	交货批次和进度： 交货地点： 交货条件：
1.3.3	质量要求	
1.4.1	投标人资质条件、能力和信誉	资质条件： 业绩要求： 信誉要求： 财务要求： 其他要求：
1.4.2	是否接受联合体投标	□不接受 □接受，应满足下列要求：
1.4.5	是否接受代理商投标	□不接受。 □接受，应满足下列要求：
1.5	费用承担	其中中标服务费用： □由中标人向招标代理机构支付，适用于本须知 1.5 款______类招标收费标准。 □其他方式：

续表

条款号	条款名称	编列内容
1.9.1	踏勘现场	□不组织 □组织，踏勘时间： 　踏勘集中地点：
1.10.1	投标预备会	□不召开 □召开，召开时间： 　召开地点：
1.10.2	投标人提出问题的截止时间	投标预备会____天前
1.10.3	招标人书面澄清的时间	投标截止日期____天前
1.12.2	实质性偏差的内容	招标文件中规定的标有星号（*）的技术性能要求、支付、质量保证、索赔、约定违约金、税费、适用法律、争议的解决、保函①。
2.2.1	投标人要求澄清招标文件的截止时间	投标截止日期前____天
2.2.2	投标截止时间	____年____月__日__时整
2.2.3	投标人确认收到招标文件澄清的时间	收到通知后24小时内
2.3.2	投标人确认收到招标文件修改的时间	收到通知后24小时内
3.1.1	构成投标文件的其他材料	
3.3.1	投标有效期	自投标截止之日起____天
3.4.1	投标保证金	不要求递交投标保证金 ☑要求递交投标保证金 投标文件应附上一份符合招标文件规定的投标保证金，金额为人民币________万元/标段。 **1　递交形式** 通过在线支付或线下支付递交的投标保证金或由国内银行的省、地市级分行出具的银行保函，不接受汇票、支票或现钞等其他方式。 **2　递交办法** **2.1　使用在线支付或线下缴纳投标保证金** 潜在投标人须登录电子采购平台，于投标截止时间前在“投标管理—投标”菜单中选择项目并点击“支付保证金”，并在“支付管理”模块勾选对应条目完成支付操作。潜在投标人可以选择在线支付或线下支付进行缴纳： (1) 在线支付（通过“B2B”即企业银行对公支付）保证金时，请根据页面提示选择支付银行进行支付； (2) 线下支付投标保证金时，潜在投标人须通过银行汇款至招标代理，汇款成功后，再次登录电子采购平台，依次填写支付信息、上传汇款底单并保存提交。 **2.2　使用银行保函缴纳投标保证金** 潜在投标人须开具有效的银行保函，登录电子采购平台，在线下支付付款方式中选“保函”，并上传银行保函彩色扫描件。

① 根据项目具体情况调整偏差内容。

续表

条款号	条款名称	编列内容
		3 递交时间 潜在投标人选择在线支付方式缴纳投标保证金时，须确保在投标截止时间前投标保证金被扣款成功，否则其投标文件将被否决；选择线下支付缴纳投标保证金时，在投标截止时间前，投标保证金须成功汇至招标代理银行账户上，否则其投标文件将被否决；选择银行保函作为投标保证金时，在投标截止时间前，银行保函原件必须随纸质投标文件一起递交招标代理机构，否则其投标将被否决。 **4 退还信息** 《投标保证金退还信息及中标服务费交纳承诺书》原件应单独密封，并在封面注明“投标保证金退还信息”，随投标文件一同递交。 **5 投标保证金收款信息：** 开户银行：工商银行北京中环广场支行 账号：0200209519200005317 行号：20956 开户名称：三峡国际招标有限责任公司 汇款用途：BZJ
3.4.3	投标保证金的退还	**1 使用在线支付或线下支付投标保证金方式：** 未中标投标人的投标保证金，将在中标人和招标人签订书面合同后 5 日内予以退还，并同时退还投标保证金利息；中标人的投标保证金将在其与招标人签订书面合同并提供履约担保（如招标文件有要求）、由招标代理机构扣除中标服务费用后 5 日内将余额退还（如不足，需在接到招标代理机构通知后 5 个工作日内补足差额）。 投标保证金利息按收取保证金之日的中国人民银行同期活期存款利率计息，遇利率调整不分段计息。存款利息计算时，本金以“元”为起息点，利息的金额也算至元位，元位以下四舍五入。按投标保证金存放期间计算利息，存放期间一律算头不算尾，即从开标日起算至退还之日前一天止；全年按 360 天，每月均按 30 天计算。 **2 使用银行保函方式：** 未中标投标人的银行保函原件，将在中标人和招标人签订书面合同后 5 日内退还；中标人的保函将在中标人和招标人签订书面合同、提供履约担保（如招标文件有要求）且支付中标服务费后 5 日内无息退还。
3.5.3	近年财务状况	____年至____ 年
	近年完成的类似项目	____年____月____日至____ 年____月____日
	近年发生的重大诉讼及仲裁情况	____年____月____日至____ 年____月____日
	……	
3.6	是否允许递交备选投标方案	□不允许 □允许
3.7.2	现场递交投标文件份数	现场递交纸质投标文件正本 1 份、副本____份和电子版____份（U 盘）。

续表

条款号	条款名称	编列内容
3.7.3	纸质投标文件签字或盖章要求	按招标文件第八章“投标文件格式”要求，签字或盖章。
3.7.4	纸质投标文件装订要求	纸质投标文件应按以下要求装订：装订应牢固、不易拆散和换页，不得采用活页装订。
3.7.5	现场递交的投标文件 电子版（U盘）格式	投标报价应使用.xlsx进行编制，其他部分的电子版文件可用.docx、.xlsx或PDF等格式进行编制。
3.7.6	网上提交的电子投标文件中格式	第八章“投标文件格式”中的投标函和授权委托书采用签字盖章后的彩色扫描件；其他部分的电子版文件应采用.docx、.xlsx或PDF格式进行编制。
4.1.2	封套上写明	项目名称： 招标编号： 在____年____月____日____时____分（投标文件截止时间）前不得开启 投标人名称：
4.2	投标文件的递交	本条款补充内容如下： 投标文件分为网上提交和现场递交两部分。 （1）网上提交 应按照中国长江三峡集团公司电子采购平台（以下简称《电子采购平台》）的要求将编制好的文件加密后上传至电子采购平台（具体操作方法详见＜http://epp.ctg.com.cn＞网站中“使用指南”）。 （2）现场递交 投标人应将纸质投标文件的正本、副本、电子版、投标保证金退还信息和银行保函原件（如有）分别密封递交。纸质版、电子版应包含投标文件的全部内容。
4.2.2	投标文件网上提交	网上提交：中国长江三峡集团公司电子采购平台（http://epp.ctg.com.cn/） （1）电子采购平台提供了投标文件各部分内容的上传通道，其中： “投标保证金支付凭证”应上传投标保证金汇款凭证、《投标保证金退还信息及中标服务费交纳承诺书》以及银行保函（如有）彩色扫描件； “评标因素应答对比表”本项目不适用。 （2）电子采购平台中的“商务文件”（2个通道）、“技术文件”（2个通道）、“投标报价文件”（1个通道）和“其他文件”（1个通道），每个通道最大上传文件容量为100M。商务文件、技术文件超过最大上传容量时，投标人可将资格审查资料、图纸文件从“其他文件”通道进行上传；若容量仍不能满足，则将未上传的部分在投标文件格式文件十中进行说明，并将未上传部分包含在现场提交的电子文件中。
4.2.3	投标文件现场递交地点	现场递交至：
4.2.4	是否退还投标文件	□否 □是
4.5.1	是否提交投标样品	□否 □是，具体要求：

续表

条款号	条款名称	编列内容
5.1	开标时间和地点	开标时间：同投标截止时间 开标地点：同递交投标文件地点
7.2	中标候选人公示	招标人在中国招标投标公共服务平台（http://www.cebpubservice.com）、中国长江三峡集团有限公司电子采购平台（http://epp.ctg.com.cn/）网站上公示中标候选人，公示期 3 个工作日。
7.4.1	履约担保	履约担保的形式：银行保函或保证金 履约担保的金额：签约合同价的__% 开具履约担保的银行：须招标人认可，否则视为投标人未按招标文件规定提交履约担保，投标保证金将不予退还。 （备注：300 万元及以上的工程、货物、科研类合同，签订前必须提供履约保函；其他服务类合同、300 万元以下的工程及货物类合同，可按项目实际情况明确是否需要履约保函。）
10	需要补充的其他内容	
10.1	知识产权	构成本招标文件各个组成部分的文件，未经招标人书面同意，投标人不得擅自复印和用于非本招标项目所需的其他目的。招标人全部或者部分使用未中标人投标文件中的技术成果或技术方案时，需征得其书面同意，并不得擅自复印或提供给第三人。
10.2	电子注册	投标人必须登录中国长江三峡集团有限公司电子采购平台（http://epp.ctg.com.cn）进行免费注册。 未进行注册的投标人，将无法参加投标报名并获取进一步的信息。 本项目投标文件的网上提交部分需要使用电子身份认证（CA）加密后上传至本电子采购平台（标书购买阶段不需使用电子钥匙），本电子采购平台的相关电子身份认证（CA）须在指定网站办理（http://sanxia.szzsfw.com/）。请潜在投标人及时办理，并在投标截止时间至少 3 日前确认电子钥匙的使用可靠性，因此导致的影响投标或投标文件被拒收的后果，由投标人自行承担。 具体办理方法：一、请登录电子采购平台（http://epp.ctg.com.cn/），在右侧点击“使用指南”，之后点击“CA 电子钥匙办理指南 V1.1”，下载 PDF 文件后查看办理方法；二、请直接登录指定网站（http://sanxia.szzsfw.com/），点击右上角用户注册，注册用户名及密码，之后点击“立即开始数字证书申请”，按照引导流程完成办理。**（温馨提示：电子钥匙办理完成网上流程后需快递资料，办理周期从快递到件计算 5 个工作日完成。已办理电子钥匙的请核对有效期，必要时及时办理延期！）**
10.3	投标人须遵守的国家法律法规和规章，及中国长江三峡集团有限公司相关管理制度和标准	
10.3.1	国家法律法规和规章	投标人在投标活动中须遵守包括但不限于以下法律法规和规章： （1）《中华人民共和国合同法》 （2）《中华人民共和国民法通则》 （3）《中华人民共和国招标投标法》 （4）《中华人民共和国招标投标法实施条例》 （5）《工程建设项目货物招标投标办法》（国家计委令第 27 号）

续表

条款号	条款名称	编列内容
		(6)《工程建设项目招标投标活动投诉处理办法》(国家发展改革委等7部门令第11号) (7)《关于废止和修改部分招标投标规章和规范性文件的决定》(国家发展改革委等9部门令第23号)
10.3.2	中国长江三峡集团有限公司相关管理制度	投标人在投标活动中须遵守以下中国长江三峡集团有限公司相关管理制度： (1)《中国长江三峡集团公司供应商信用评价管理办法》 (2) 中国长江三峡集团公司供应商信用评价结果的有关通知(登录中国长江三峡集团有限公司电子采购平台 http://epp.ctg.com.cn 后点击"通知通告")
10.3.3	中国长江三峡集团有限公司相关企业标准	三峡企业标准：__________ 查阅网址：
10.4	投标人和其他利害关系人认为本次招标活动中涉及个人违反廉洁自律规定的，可通过招标公告中的招标采购监督电话等方式举报	

1　总则

1.1　项目概况

1.1.1　根据《中华人民共和国招标投标法》等有关法律、法规和规章的规定，本招标项目已具备招标条件，现对本招标项目进行招标。

1.1.2　本招标项目招标人：见投标人须知前附表。

1.1.3　本招标项目招标代理机构：见投标人须知前附表。

1.1.4　本招标项目名称：见投标人须知前附表。

1.1.5　本招标项目概况：见投标人须知前附表。

1.2　资金来源和落实情况

1.2.1　本招标项目的资金来源：见投标人须知前附表。

1.2.2　本招标项目的出资比例：见投标人须知前附表。

1.2.3　本招标项目的资金落实情况：见投标人须知前附表。

1.3　招标范围、交货批次和进度、质量要求

1.3.1　本次招标范围：见投标人须知前附表。

1.3.2　本招标项目的交货批次和进度：见投标人须知前附表。

1.3.3　本招标项目的质量要求：见投标人须知前附表。

1.4　投标人资格要求（适用于已进行资格预审的）

投标人应是收到招标人发出投标邀请书的单位。

1.4　投标人资格要求（适用于未进行资格预审的）

1.4.1　投标人应具备承担本招标项目的资质条件、能力和信誉。相关资格要求如下：

（1）资质条件：见投标人须知前附表；

（2）财务要求：见投标人须知前附表；

（3）业绩要求：见投标人须知前附表；

（4）信誉要求：见投标人须知前附表；

（5）其他要求：见投标人须知前附表。

1.4.2　投标人须知前附表规定接受联合体投标的，除应符合本章第1.4.1项和投标人须知前附表的要求外，还应遵守以下规定：

（1）联合体各方应按招标文件提供的格式签订联合体协议书，明确联合体牵头人和各成员方权利义务；

（2）由同一专业的单位组成的联合体，按照资质等级较低的单位确定联合体资质等级；

（3）联合体各方不得再以自己名义单独或参加其他联合体在同一标段中投标。

1.4.3　投标人不得存在下列情形之一：

（1）为招标人不具有独立法人资格的附属机构（单位）；

（2）被责令停业的；

（3）被暂停或取消投标资格的；

（4）财产被接管或冻结的；

（5）在最近三年内有骗取中标或严重违约或投标设备存在重大质量问题的；

（6）投标人处于中国长江三峡集团有限公司限制投标的专业范围及期限内。

1.4.4　投标人不能作为其他投标人的分包人同时参加投标；单位负责人为同一人或者存在控股、管理关系的不同单位，不得参加同一标段投标或者未划分标段的同一招标项目投标。

1.4.5　投标人须知前附表规定接受代理商投标的，应符合本章第1.4.1项和投标人须知前附表的要求。

1.5　费用承担

投标人在本次投标过程中所发生的一切费用，不论中标与否，均由投标人自行承担，招标人和招标代理机构在任何情况下均无义务和责任承担这些费用。本项目招标工作由三峡国际招标有限责任公司作为招标代理机构负责组织，招标代理服务费用由中标人向招标代理机构支付，具体金额按照下表（招标代理服务费收费标准）计算执行。投标人投标费用中应包含拟支付给招标代理机构的招标代理服务费，该费用在投标报价表中不单独出项。收费类型见投标人须知前附表。

招标代理服务费用在合同签订后5日内，由招标代理机构直接从中标人的投标保证金中扣付。投标保证金不足支付招标代理费用时，中标人应补足差额。招标代理机构收取招标代理服务费用后，向中标人开具相应金额的服务费发票。

招标代理服务费收费标准

中标金额（万元）	工程类招标费率	货物类招标费率	服务类招标费率
100 以下	1.00%	1.50%	1.50%
100～500	0.70%	1.10%	0.80%
500～1000	0.55%	0.80%	0.45%
1000～5000	0.35%	0.50%	0.25%
5000～10000	0.20%	0.25%	0.10%
10000～50000	0.05%	0.05%	0.05%
50000～100000	0.035%	0.035%	0.035%
100000～500000	0.008%	0.008%	0.008%
500000～1000000	0.006%	0.006%	0.006%
1000000 以上	0.004%	0.004%	0.004%

注：招标代理服务费按差额定率累进法计算。例如某货物类招标代理业务中标金额为 900 万元，计算招标代理服务收费额如下：

100×1.5%=1.5 万元

（500−100）×1.1%=4.4 万元

（900−500）×0.80%=3.2 万元

合计收费=1.5+4.4+3.2=9.1 万元

1.6 保密

参与招标投标活动的各方应对招标文件和投标文件中的商业和技术等秘密保密，违者应对由此造成的后果承担法律责任。

1.7 语言文字

1.7.1 招标投标文件使用的语言文字为中文。专用术语使用外文的，应附有中文注释。

1.7.2 投标人与招标人之间就投标交换的所有文件和来往函件，均应用中文书写。

1.7.3 如果投标人提供的任何印刷文献和证明文件使用其他语言文字，则应将有关段落译成中文一并附上，如有差异，以中文为准。投标人应对译文的正确性负责。

1.8 计量单位

所有计量均采用中华人民共和国法定计量单位。

1.9 踏勘现场

1.9.1 投标人须知前附表规定组织踏勘现场的，招标人按投标人须知前附表规定的时间、地点组织投标人踏勘项目现场。

1.9.2 投标人踏勘现场发生的费用自理。

1.9.3 除招标人的原因外，投标人自行负责在踏勘现场中所发生的人员伤亡和财产损失。

1.9.4　招标人在踏勘现场中介绍的工程场地和相关的周边环境情况，供投标人在编制投标文件时参考，招标人不对投标人据此做出的判断和决策负责。

1.10　**投标预备会**

1.10.1　投标人须知前附表规定召开投标预备会的，招标人按投标人须知前附表规定的时间和地点召开投标预备会，澄清投标人提出的问题。

1.10.2　投标人应在投标人须知前附表规定的时间前，在电子采购平台上以电子文件的形式将提出的问题送达招标人，以便招标人在会议期间澄清。

1.10.3　投标预备会后，招标人在投标人须知前附表规定的时间内，将对投标人所提问题的澄清，在电子采购平台上以电子文件的形式通知所有购买招标文件的投标人。该澄清内容为招标文件的组成部分。

1.10.4　招标人在会议期间澄清仅供投标人在编制投标文件时参考，招标人不对投标人据此做出的判断和决策负责。

1.11　**外购与分包制造**

1.11.1　投标人选择的原材料供应商、部件制造的分包商应具有相应的制造经验，具有提供本招标项目所需质量、进度要求的合格产品的能力。

1.11.2　投标人需按照投标文件格式的要求，提供有关原材料供应商和部件分包商的完整的资质文件。

1.11.3　投标人应提交与其选定的分包商草签的分包意向书。分包意向书中应明确拟分包项目的内容、报价、制造厂名称等主要内容。

1.12　**提交偏差表**

1.12.1　投标人应对招标文件的要求做出实质性的响应。如有偏差应逐条提出，并按投标文件的格式要求提出商务、技术偏差。

1.12.2　投标人对招标文件前附表中规定的内容提出负偏差将被认为是对招标文件的非实质性响应，其投标文件将被否决。

1.12.3　按投标文件格式提出偏差仅仅是为了招标人评标方便。但未在其投标文件中提出偏差的条款或部分，应视为投标人完全接受招标文件的规定。

2　招标文件

2.1　招标文件的组成

2.1.1　本招标文件包括：

第一章　招标公告/投标邀请书；

第二章　投标人须知；

第三章　评标办法；

第四章　合同条款及格式；

第五章　设备采购清单；

第六章　图纸；

第七章　技术标准和要求；

第八章　投标文件格式。

2.1.2　根据本章第 1.10 款、第 2.2 款和第 2.3 款对招标文件所做的澄清、修改，构成招标文件的组成部分。

2.2　招标文件的澄清

2.2.1　投标人应仔细阅读和检查招标文件的全部内容，如发现缺页或附件不全，应及时向招标人提出，以便补齐。如有疑问，应在投标人须知前附表规定的时间前在电子采购平台上以电子文件形式，要求招标人对招标文件予以澄清。

2.2.2　招标文件的澄清将在投标人须知前附表规定的投标截止时间 15 天前在电子采购平台上以电子文件形式发给所有购买招标文件的投标人，但不指明澄清问题的来源。如果澄清发出的时间距投标截止时间不足 15 天，并且澄清内容影响投标文件编制的，招标人相应延长投标截止时间。

2.2.3　投标人在收到澄清后，应在投标人须知前附表规定的时间内以书面形式通知招标人，确认已收到该澄清。未及时确认的，将根据电子采购平台下载记录默认潜在投标人已收到该澄清文件。

2.3　招标文件的修改

2.3.1　在投标截止时间 15 天前，招标人在电子采购平台上以电子文件形式修改招标文件，并通知所有已购买招标文件的投标人。如果修改招标文件的时间距投标截止时间不足 15 天，并且修改内容影响投标文件编制的，招标人相应延长投标截止时间。

2.3.2　投标人收到修改内容后，应在投标人须知前附表规定的时间内以书面形式通知招标人，确认已收到该修改。未及时确认的，将根据电子采购平台下载记录默认潜在投标人已收到该修改文件。

2.4　对招标文件的异议

2.4.1　潜在投标人或者其他利害关系人对招标文件及其修改和补充文件有异议的，应在投标截止时间 10 日前提出。

2.4.2　对招标文件及其修改和补充文件的异议由招标代理机构受理。具体要求见 9.5 规定。

3 投标文件

3.1 投标文件的组成

3.1.1 投标文件应包括下列内容：

（1）投标函；

（2）授权委托书、法定代表人身份证明；

（3）联合体协议书（如果有）；

（4）投标保证金；

（5）投标报价表；

（6）技术方案；

（7）偏差表；

（8）拟分包（外购）部件情况表；

（9）资格审查资料；

（10）构成投标文件的其他材料。

3.1.2 投标人须知前附表规定不接受联合体投标的，或投标人没有组成联合体的，投标文件不包括本章第 3.1.1（3）目所指的联合体协议书。

3.2 投标报价

3.2.1 投标人应按第五章“设备采购清单”的要求填写相应表格。

3.2.2 投标人在投标截止时间前修改投标函中的投标总报价，应同时修改第五章“设备采购清单”中的相应报价，投标报价总额为各分项金额之和。此修改须符合本章第 4.3 款的有关要求。

3.2.3 投标人应在投标文件中的投标报价上标明本合同拟提供的合同设备及服务的单价和总价。每种投标设备只允许有一个报价，采用可选择报价提交的投标将被视为非响应性投标而予以否决。

3.2.4 报价中必须包括设计、制造和装配投标设备所使用的材料、部件，试验、运输、保险、技术文件和技术服务费等及合同设备本身已支付或将支付的相关税费。

3.2.5 对于投标人为实现投标设备的性能和为保证投标设备的完整性和成套性所必需却没有单独列项和投标的费用，以及为完成本合同责任与义务所需的所有费用等，均应视为已包含在投标设备的报价中。

3.2.6 投标报价应为固定价格，投标人在投标时应已充分考虑了合同执行期间的所有风险，按可调整价格报价的投标文件将被否决。

3.3 投标有效期

3.3.1 在投标人须知前附表规定的投标有效期内，投标人不得要求撤销或修改其投标文件。

3.3.2　出现特殊情况需要延长投标有效期的，招标人在电子采购平台上以电子文件形式通知所有投标人延长投标有效期。投标人同意延长的，应相应延长其投标保证金的有效期，但不得要求或被允许修改或撤销其投标文件；投标人拒绝延长的，其投标失效，但投标人有权收回其投标保证金。

3.4　投标保证金

3.4.1　投标人在递交投标文件的同时，应按投标人须知前附表规定的金额、担保形式和第八章“投标文件格式”规定的投标保证金格式递交投标保证金，并作为其投标文件的组成部分。联合体投标的，其投标保证金由牵头人递交，并应符合投标人须知前附表的规定。

3.4.2　投标人不按本章第3.4.1项要求提交投标保证金的，其投标将被否决。

3.4.3　招标代理机构按投标人须知前附表的规定退还投标保证金。

3.4.4　有下列情形之一的，投标保证金将不予退还：

（1）投标人在规定的投标有效期内撤销或修改其投标文件；

（2）中标人在收到中标通知书后，无正当理由拒签合同协议书或未按招标文件规定提交履约担保。

3.5　资格审查资料（适用于已进行资格预审的）

投标人在编制投标文件时，应按新情况更新或补充其在申请资格预审时提供的资料，以证实其各项资格条件仍能继续满足资格预审文件的要求，具备承担本招标项目的资质条件、能力和信誉。

3.5　资格审查资料（适用于未进行资格预审的）

3.5.1　证明投标人合格和资格的文件：

（1）投标人应提交证明其有资格参加投标，且中标后有能力履行合同的文件，并作为其投标文件的一部分。

（2）投标人提交的投标合格性的证明文件应使招标人满意。

（3）投标人提交的中标后履行合同的资格证明文件应使招标人满意，包括但不限于，投标人已具备履行合同所需的财务、技术、设计、开发和生产能力。

3.5.2　证明投标设备的合格性和符合招标文件规定的文件：

（1）投标人应提交根据合同要求提供的所有合同货物及其服务的合格性以及符合招标文件规定的证明文件，并作为其投标文件的一部分。

（2）合同货物和服务的合格性的证明文件应包括投标表中对合同货物和服务来源地的声明。

（3）证明投标设备和服务与招标文件的要求相一致的文件可以是文字资料、图纸和数据，投标人应提供：

A）投标设备主要技术指标和产品性能的详细说明；

B）逐条对招标人要求的技术规格进行评议，指出自己提供的投标设备和服务是否已做出实质性响应。同时应注意：投标人在投标中可以选用替代标准、牌号或分类号，但这些替代要实质上优于或相当于技术规格的要求。

3.5.3　投标人为了具有被授予合同的资格，应提供投标文件格式要求的资料，用以证明投标人的合法地位和具有足够的能力及充分的财务能力来有效地履行合同。为此，投标人应按投标人须知前附表中规定的时间区间提交相关资格审查资料，供评标委员会审查。

3.6　备选投标方案

除投标人须知前附表另有规定外，投标人不得递交备选投标方案。允许投标人递交备选投标方案的，只有中标人所递交的备选投标方案方可予以考虑。评标委员会认为中标人的备选投标方案优于其按照招标文件要求编制的投标方案的，招标人可以接受该备选投标方案。

3.7　投标文件的编制

3.7.1　投标文件应按第八章“投标文件格式”进行编写，如有必要，可以增加附页，作为投标文件的组成部分。其中，投标函附录在满足招标文件实质性要求的基础上，可以提出比招标文件要求更有利于招标人的承诺。

3.7.2　投标文件包括网上提交的电子文件、纸质文件和现场递交的投标文件电子版（U 盘），具体数量要求见投标人须知前附表。

3.7.3　纸质投标文件应用不褪色的材料书写或打印，并由投标人的法定代表人或其委托代理人签字或盖单位章。委托代理人签字的，投标文件应附法定代表人签署的授权委托书。投标文件应尽量避免涂改、行间插字或删除。如果出现上述情况，改动之处应加盖单位章或由投标人的法定代表人或其授权的代理人签字确认。所有投标文件均需使用阿拉伯数字从前至后逐页编码。签字或盖章的具体要求见投标人须知前附表。

3.7.4　现场递交的纸质投标文件的正本与副本应分别装订成册，具体装订要求见投标人须知前附表规定。

3.7.5　现场递交的投标文件电子版（U 盘）应为未加密的电子文件，并应按照投标人须知前附表规定的格式进行编制。

3.7.6　网上提交的电子投标文件应按照投标人须知前附表的规定格式进行编制。

4　投标

4.1　投标文件的密封和标记

4.1.1　投标文件现场递交部分应进行密封包装，并在封套的封口处加盖投标人单位章；网上提交的电子投标文件应加密后递交。

4.1.2　投标文件现场递交部分的封套上应写明的内容见投标人须知前附表。

4.1.3　未按本章第 4.1.1 项或第 4.1.2 项要求密封和加写标记的投标文件，招标人不予受理。

4.2　投标文件的递交

4.2.1　投标人应在投标人须知前附表规定的投标截止时间前分别在网上和现场递交投标文件。

4.2.2　投标文件网上提交：投标人应按照投标人须知前附表要求将编制好的投标文件加密后上传至电子采购平台（具体操作方法详见＜http://epp.ctg.com.cn＞网站中“使用指南”）。

4.2.3　投标人现场递交投标文件（包括纸质版和电子版）的地点：见投标人须知前附表。

4.2.4　除投标人须知前附表另有规定外，投标人所递交的投标文件不予退还。

4.2.5　在投标截止时间前，现场递交的投标文件未送达指定地点或者网上提交的投标文件未成功上传至电子采购平台，招标人不予受理。

4.3　投标文件的修改与撤回

4.3.1　在本章第 2.2.2 项规定的投标截止时间前，投标人可以修改或撤回已递交的投标文件。

4.3.2　投标人如要修改投标文件，必须在修改后再重新上传电子文件，现场递交的投标文件相应修改。投标人修改或撤回已递交投标文件的书面通知应按照本章第 3.7.3 项的要求签字或盖章。招标人收到书面通知后，向投标人出具签收凭证。

4.3.3　修改的内容为投标文件的组成部分。修改的投标文件应按照本章第 3 条、第 4 条规定进行编制、密封、标记和递交，并标明“修改”字样。

4.3.4　投标人撤回投标文件的，招标人自收到投标人书面撤回通知之日起 5 日内退还已收取的投标保证金。

4.4　投标文件的有效性

4.4.1　当网上提交和现场递交的投标文件内容不一致时，以网上提交的投标文件为准。

4.4.2　当现场递交的投标文件电子版与投标文件纸质版正本内容不一致时，以投标文件纸质版正本为准。

4.4.3　当电子采购平台上传的投标文件全部或部分解密失败或发生第 5.3 款紧急情形时，经监督人或公证人确认后，以投标文件纸质版正本为准。

4.5　投标样品

4.5.1　除投标人须知前附表另有规定外，投标人应提交能反映货物材质或关键部分的样品，同时应提交《样品清单》。

4.5.2　为方便评标，投标人在提供样品时，应使用透明的外包装或尽量少用外包装，但必须在所提供的样品表面显著位置标注投标人的名称、包号、样品名称、招标文件规定的货物编号。

4.5.3　样品作为投标文件的一部分，除非另有说明，中标单位的样品不再退还；未中标单位须在中标公告发布后 5 个工作日内，前往招标机构领取投标样品。逾期不领，招标机构将不承担样品的保管责任，由此引发的样品丢失、毁损，招标机构不予负责。

5　开标

5.1　开标时间和地点

招标人在本章第 2.2.2 项规定的投标截止时间（开标时间）和投标人须知前附表规定的地点公开开标，并邀请所有投标人的法定代表人或其委托代理人参加。

5.2　开标程序（适用于电子开标）

招标人在规定的时间内，通过电子采购平台开评标系统，按下列程序进行开标：

（1）宣布开标程序及纪律。

（2）公布在投标截止时间前递交投标文件的投标人名称，并点名确认投标人是否派人到场。

（3）宣布开标人、监督或公证等人员姓名。

（4）监督或公证人检查投标文件的递交及密封情况。

（5）根据检查情况，对未按招标文件要求递交投标文件的投标人，或已递交了一封可接受的撤回通知函的投标人，将在电子采购平台中进行不开标设置。

（6）设有标底的，公布标底。

（7）宣布进行电子开标，显示投标总价解密情况，如发生投标总价解密失败，将对解密失败的按投标文件纸质版正本进行补录。

（8）显示开标记录表。（如果投标人电子开标总报价明显存在单位错误或数量级差别，在投标人当场提出异议后，按其纸质投标文件正本进行开标，评标委员会根据其网上提交的电子投标文件进行总报价复核。）

（9）公证人员宣读公证词（如有）。

（10）宣布评标期间注意事项。

（11）投标人代表等有关人员在开标记录上签字确认（有公证时，不适用）。

（12）开标结束。

5.2　开标程序（适用于纸质投标文件开标）

主持人按下列程序进行开标：

（1）宣布开标纪律；

（2）公布在投标截止时间前递交投标文件的投标人名称，并点名确认投标人是否派人到场；

（3）宣布开标人、唱标人、记录人、监督或公证人等有关人员姓名；

（4）监督或公证人检查投标文件的密封情况；

（5）确定并宣布投标文件开标顺序；

（6）设有标底的，公布标底；

（7）按照宣布的开标顺序当众开标，公布投标人名称、项目及标段名称、投标报价及其他内容，并记录在案；

（8）投标人代表、招标人代表、监督人、记录人等有关人员在开标记录表上签字确认；

（9）公证人员宣读公证词；

（10）宣布评标期间注意事项；

（11）开标结束。

5.3　电子招投标的应急措施

5.3.1　开标前出现以下情况，导致投标人不能完成网上提交电子投标文件的紧急情形，招标代理机构在开标截止时间前收到电子钥匙办理单位书面证明材料时，采用纸质投标文件正本进行报价补录。

（1）电子钥匙非人为故意损坏；

（2）因电子钥匙办理单位原因导致电子钥匙办理来不及补办。

5.3.2　当电子采购平台出现下列紧急情形时，采用纸质投标文件正本进行开标：

（1）系统服务器发生故障，无法访问或无法使用系统；

（2）系统的软件或数据库出现错误，不能进行正常操作；

（3）系统发现有安全漏洞，有潜在的泄密危险；

（4）病毒发作或受到外来病毒的攻击；

（5）投标文件解密失败；

（6）其他无法进行正常电子开标的情形。

5.4 开标异议

如投标人对开标过程有异议的，应在开标会议现场当场提出，招标人现场进行答复，由开标工作人员进行记录。

5.5 开标监督与结果

5.5.1 开标过程中，各投标人应在开标现场见证开标过程和开标内容。开标结束后，将在电子采购平台上公布开标记录表，投标人可在开标当日登录电子采购平台查看相关开标结果。

5.5.2 无公证情况时，不参加现场开标仪式或开标结束后拒绝在开标记录表上签字确认的投标人，视为默认开标结果。

5.5.3 未在开标时开封和宣读的投标文件，不论情况如何均不能进入下一步的评审。

6 评标

6.1 评标委员会

6.1.1 评标由招标人依法组建的评标委员会负责。评标委员会由招标人或其委托的招标代理机构熟悉相关业务的代表，以及有关技术、经济等方面的专家组成。

6.1.2 评标委员会成员有下列情形之一的，应当回避：

（1）投标人或投标人主要负责人的近亲属；

（2）项目行政主管部门或者行政监督部门的人员；

（3）与投标人有经济利益关系，可能影响对投标公正评审的；

（4）曾因在招标、评标以及其他与招标投标有关活动中从事违法行为而受过行政处罚或刑事处罚的；

（5）与投标人有其他利害关系。

6.2 评标原则

评标活动遵循公平、公正、科学和择优的原则。

6.3 评标

评标委员会按照第三章“评标办法”规定的方法、评审因素、标准和程序对投标文件进行评审。第三章“评标办法”没有规定的方法、评审因素和标准，不作为评标依据。

7 合同授予

7.1 定标方式

招标人依据评标委员会推荐的中标候选人确定中标人。

7.2　中标候选人公示

招标人在投标人须知前附表规定的媒介公示中标候选人。

7.3　中标通知

在本章第 3.3 款规定的投标有效期内，招标人以书面形式向中标人发出中标通知书，同时将中标结果通知未中标的投标人。

7.4　履约担保

7.4.1　中标人应按投标人须知前附表规定的金额、担保形式和招标文件第四章“合同条款及格式”规定的履约担保格式及时间要求向招标人提交履约担保。联合体中标的，其履约担保由牵头人递交，并应符合投标人须知前附表规定的金额、担保形式和招标文件第四章“合同条款及格式”规定的履约担保格式要求。

7.4.2　中标人不能按本章第 7.4.1 项要求提交履约担保的，视为放弃中标，其投标保证金不予退还，给招标人造成的损失超过投标保证金数额的，中标人还应当对超过部分予以赔偿。

7.5　签订合同

7.5.1　招标人和中标人应当自中标通知书发出之日起 30 天内，根据招标文件和中标人的投标文件订立书面合同。中标人无正当理由拒签合同的，招标人取消其中标资格，其投标保证金不予退还；给招标人造成的损失超过投标保证金数额的，中标人还应当对超过部分予以赔偿。

7.5.2　发出中标通知书后，招标人无正当理由拒签合同的，招标人向中标人退还投标保证金；给中标人造成损失的，还应当赔偿损失。

8　重新招标和不再招标

8.1　重新招标

有下列情形之一的依法必须招标的项目，招标人将重新招标：

（1）投标截止时间止，投标人少于 3 个的；

（2）经评标委员会评审后否决所有投标的；

（3）国家相关法律法规规定的其他重新招标情形。

8.2　不再招标

重新招标后投标人仍少于 3 个或者所有投标被否决的，不再进行招标。

9　纪律和监督

9.1　对招标人的纪律要求

招标人不得泄露招标投标活动中应当保密的情况和资料，不得与投标人串通损害国家利益、社会公共利益或者他人合法权益。

9.2　对投标人的纪律要求

投标人不得相互串通投标或者与招标人串通投标，不得向招标人或者评标委员会成员行贿谋取中标，不得以他人名义投标或者以其他方式弄虚作假骗取中标；投标人不得以任何方式干扰、影响评标工作。

如果投标人存在失信行为，招标人除报告国家有关部门由其进行处罚外，招标人还将根据《中国长江三峡集团公司供应商信用评价管理办法》中的相关规定对其进行处理。

9.3　对评标委员会成员的纪律要求

评标委员会成员不得收受他人的财物或者其他好处，不得向他人透漏对投标文件的评审和比较、中标候选人的推荐情况以及评标有关的其他情况。在评标活动中，评标委员会成员不得擅离职守，影响评标程序正常进行，不得使用第三章“评标办法”没有规定的评审因素和标准进行评标。

9.4　对与评标活动有关的工作人员的纪律要求

与评标活动有关的工作人员不得收受他人的财物或者其他好处，不得向他人透漏对投标文件的评审和比较、中标候选人的推荐情况以及评标有关的其他情况。在评标活动中，与评标活动有关的工作人员不得擅离职守，影响评标程序正常进行。

9.5　异议处理

9.5.1　异议必须由投标人或者其他利害关系人以实名提出，在下述异议提出有效期间内以书面形式按照招标文件规定的联系方式提交给招标人。为保证正常的招标秩序，异议人须按本章第 9.5.2 项要求的内容提交异议。

（1）对资格预审文件有异议的，应在提交资格预审申请文件截止时间 2 日前提出；对招标文件及其修改和补充文件有异议的，应在投标截止时间 10 日前提出。

（2）对开标有异议的，应在开标现场提出。

（3）对中标结果有异议的，应在中标候选人公示期间提出。

9.5.2　异议书应当以书面形式提交（如为传真或者电邮，需将异议书原件同时以特快专递或者派人送达招标人），异议书应当至少包括下列内容：

（1）异议人的名称、地址及有效联系方式；

（2）异议事项的基本事实（异议事项必须具体）；

（3）相关请求及主张（主张必须明确，诉求清楚）；

（4）有效线索和相关证明材料（线索必须有效且能够查证，证明材料必须真实有效，且能够支持异议人的主张或者诉求）。

9.5.3　异议人是投标人的，异议书应由其法定代表人或授权代理人签订并盖章。异议人若是其他利害关系人，属于法人的，异议书必须由其法定代表人或授权代理人签字并盖章；属于其他组织或个人的，异议书必须由其主要负责人或异议人本人签字，并附有效身份证明扫描件。

9.5.4　招标人只对投标人或者其他利害关系人提交了合格异议书的异议事项进行处理，并于收到异议书 3 日内做出答复。异议书不是投标人或者其他利害关系人提出的，异议书内容或者形式不符合第 9.5.2 项要求的，招标人可不受理。

9.5.5　招标人对异议事项做出处理后，异议人若无新的证据或者线索，不得就所提异议事项再提出异议。除开标外，异议人自收到异议答复之日起 3 日内应进行确认并反馈意见，若超过此时限，则视同异议人同意答复意见，招标及采购活动可继续进行。

9.5.6　经招标人查实，若异议人以提出异议为名进行虚假、恶意异议的，阻碍或者干扰了招标投标活动的正常进行，招标人将对异议人做出如下处理：

（1）如果异议人为投标人，将异议人的行为作为不良信誉记录在案。如果情节严重，给招标人带来重大损失的，招标人有权追究其法律责任，并要求其赔偿相应的损失，自异议处理结束之日起 3 年内禁止其参加招标人组织的招标活动。

（2）对其他利害关系人，招标人将保留追究其法律责任的权利，并记录在案。

9.6　投诉

投标人和其他利害关系人认为本次招标活动违反法律、法规和规章规定的，有权向有关行政监督部门投诉。

10　需要补充的其他内容

见投标人须知前附表。

附件一：开标记录表

________________________（项目名称）

开标一览表

招标编号： 标段名称：
开标时间： 开标地点：

序号	投标人名称	投标报价（元）	备注
1			
2			
3			
4			
5			
6			
7			
8			
9			
……			

备注：
记录人： 监督人： 公证人：

附件二：问题澄清通知

致：	自：三峡国际招标有限责任公司
收件人：	发件人：
传真：	传真：
电话：	电话：
主题：项目问题澄清通知	

编号：________

（投标人名称）：

现将本项目评标委员会在审查贵单位投标文件后所提出的澄清问题以传真（邮件）的形式发给贵方，请贵方在收到该问题清单后逐一做出相应的书面答复，澄清答复文件的签署要求与投标文件相同，并请于______年______月______日______时______分前将澄清答复文件传真至三峡国际招标有限责任公司。此外，该澄清答复文件电子版还应以电子邮件的形式传给我方，邮箱地址：__________ 。未按时送交澄清答复文件的投标人将不能进入下一步评审。

附：澄清问题清单

1.

2.

……

____________招标评标委员会

________年____月____日

附件三：问题的澄清

________________（项目名称）问题的澄清

编号：________

________________（项目名称）招标评标委员会：

问题澄清通知（编号：______________）已收悉，现澄清如下：

1.

2.

……

投标人：______________________（盖单位章）

法定代表人或其委托代理人：________________（签字）

________年____月____日

附件四：中标候选人公示和中标结果公示

（项目及标段名称）中标候选人公示
（招标编号：　　　　　）

<table>
<tr><td colspan="2">招标人</td><td></td><td>招标代理机构</td><td>三峡国际招标有限责任公司</td></tr>
<tr><td colspan="2">公示开始时间</td><td></td><td>公示结束时间</td><td></td></tr>
<tr><td colspan="2">内容</td><td>第一中标候选人</td><td>第二中标候选人</td><td>第三中标候选人</td></tr>
<tr><td colspan="2">1. 中标候选人名称</td><td></td><td></td><td></td></tr>
<tr><td colspan="2">2. 投标报价</td><td></td><td></td><td></td></tr>
<tr><td colspan="2">3. 质量</td><td></td><td></td><td></td></tr>
<tr><td colspan="2">4. 工期（交货期）</td><td></td><td></td><td></td></tr>
<tr><td colspan="2">5. 评标情况</td><td></td><td></td><td></td></tr>
<tr><td colspan="2">6. 资格能力条件</td><td></td><td></td><td></td></tr>
<tr><td rowspan="3">7. 项目负责人情况</td><td>姓名</td><td></td><td></td><td></td></tr>
<tr><td>证书名称</td><td></td><td></td><td></td></tr>
<tr><td>证书编号</td><td></td><td></td><td></td></tr>
<tr><td rowspan="3" colspan="2">8. 提出异议的渠道和方式（投标人或其他利害关系人如对中标候选人有异议，请在中标候选人公示期间以书面形式实名提出，并应由异议人的法定代表人或其授权代理人签字并盖章。对于无异议人名称和地址及有效联系方式、无具体异议事项、主张不明确、诉求不清楚、无有效线索和相关证明材料的异议将不予受理）。</td><td>电话</td><td></td><td></td></tr>
<tr><td>传真</td><td></td><td></td></tr>
<tr><td>E-mail</td><td></td><td></td></tr>
</table>

（项目及标段名称）中标结果公示

__________（招标人名称）根据本项目评标委员会的评定和推荐，并经过中标候选人公示，确定本项目中标人如下：

招标编号	项目名称	标段名称	中标人名称

招标人：

招标代理机构：三峡国际招标有限责任公司

日期：

附件五：中标通知书

致：	自：三峡国际招标有限责任公司
收件人：	发件人：
传真：	传真：
电话：	电话：
主题：中标通知书	

____________________（中标人名称）：

在__________________（招标编号：___________）招标中，根据《中华人民共和国招标投标法》等相关法律法规和此次招标文件的规定，经评定，贵公司中标第______标段，中标金额：__________。请在接到本通知后的____日内与______________联系合同签订事宜。

请在收到本传真后立即向我公司回函确认。谢谢！

合同谈判联系人：

联系电话：

三峡国际招标有限责任公司

________年____月____日

附件六：确认通知

确认通知

____________________（招标人名称）：

你方____年____月____日发出的____________________（项目名称）招标关于__________________的通知，我方已于____年____月____日收到。

特此确认。

投标人：__________________（盖单位章）

________年____月____日

第三章　评标办法（综合评估法）

评标办法前附表

条款号		评审因素	评审标准
2.1.1	形式评审标准	投标人名称	与营业执照、税务机关登记证一致
		投标函签字盖章	须有法定代表人或其委托代理人签字或加盖单位章
		投标文件格式	符合第八章“投标文件格式”的要求
		联合体投标人（如有）	提交联合体协议书，并明确联合体牵头人
		报价唯一	只能有一个有效报价
		……	……
2.1.2	资格评审标准	营业执照	具备有效的营业执照
		资质等级	符合第二章“投标人须知”第1.4.1项规定
		财务状况	符合第二章“投标人须知”第1.4.1项规定
		类似项目业绩	符合第二章“投标人须知”第1.4.1项规定
		信誉	符合第二章“投标人须知”第1.4.1项规定
		联合体投标人	符合第二章“投标人须知”第1.4.2项规定（如有）
		……	……
2.1.3	响应性评审标准	投标内容	符合第二章“投标人须知”第1.3.1项规定
		交货进度	符合第二章“投标人须知”第1.3.2项规定
		投标有效期	符合第二章“投标人须知”第3.3.1项规定
		投标保证金	符合第二章“投标人须知”第3.4.1项规定
		权利义务	符合第四章“合同条款及格式”规定
		技术标准和要求	符合第七章“技术标准和要求”的规定
		投标报价表	符合第五章“设备采购清单”给出的范围及数量
		……	……
条款号		条款内容	编列内容
2.2.1		评分权重构成（100%）	商务部分：10% 技术部分：45% 投标报价：45%
2.2.2		评标价基准值计算方法	以所有进入详细评审的投标人评标价算术平均值×0.95作为本次评审的评标价基准值B。并应满足计算规则： （1）当进入详细评审的投标人超过5家时去掉一个最高价和一个最低价；

续表

<table>
<tr><th colspan="2">条款号</th><th>条款内容</th><th colspan="2">编列内容</th></tr>
<tr><td colspan="2"></td><td></td><td colspan="2">（2）当同一企业集团多家所属企业（单位）参与本项目投标时，取其中最低评标价参与评标价基准值计算，无论该价格是否在步骤（1）中被筛选掉。</td></tr>
<tr><td colspan="2">2.2.3</td><td>偏差率（D_i）计算公式</td><td colspan="2">偏差率 D_i＝100％ ×（投标人评标价－评标价基准值）/评标价基准值。</td></tr>
<tr><th colspan="2">条款号</th><th>评分因素</th><th>评分标准</th><th>权重</th></tr>
<tr><td rowspan="4">2.2.4（1）</td><td rowspan="4">商务部分评分标准（10％）</td><td>投标文件的符合性</td><td>商务部分的完整性和响应性；商务偏差，交货进度。评分结果分为 A～D 四个档次。</td><td>3％</td></tr>
<tr><td>财务状况</td><td>近三年财务状况（依据近三年经审计过的财务报表）。评分结果分为 A～D 四个档次。</td><td>1％</td></tr>
<tr><td>履约信誉</td><td>根据中国三峡集团最新发布的年度供应商信用评价结果进行统一评分，A、B、C 三个等级信用得分分别为 100 分、85 分、70 分。如投标人初次进入三峡集团公司投标或报价，由评标委员会根据其以往业绩及在其他单位的合同履约情况合理确定本次评审信用等级。</td><td>4％</td></tr>
<tr><td>业绩</td><td>以往类似项目数量、规模、完成情况及施工经验满足招标文件资格条件要求的业绩得 60 分，每增加 1.5MW 及以上高海拔（根据项目所在地海拔调整）风机 33 台套（若采用 2MW 机型，则相应调整为 24 台套）业绩加 10 分，加满为止。</td><td>2％</td></tr>
<tr><td rowspan="9">2.2.4（2）</td><td rowspan="9">技术部分评分标准（45％）</td><td>投标机型认证</td><td>投标机型设计认证、测试认证各 50 分；没有，0 分。</td><td>3％</td></tr>
<tr><td>投标机型功率曲线认证</td><td>投标机型功率曲线认证有无、认证机构权威性等进行评审。评分结果分为 A～D 四个档次。</td><td>2％</td></tr>
<tr><td>投标机型并网性能</td><td>对有功无功、电能质量、电网适应性测试认证，数据开放性及投标机型与认证证书部件偏差度等进行评价。评分结果分为 A～D 四个档次。</td><td>2％</td></tr>
<tr><td>技术方案</td><td>主要技术方案及技术符合性评审；微观选址方案合理性。评分结果分为 A～D 四个档次。</td><td>5％</td></tr>
<tr><td>技术性能</td><td>风电机组可靠性和技术先进性；风电场机组可利用率；吊装、调试要求的快捷、经济性；运行维护方便性。评分结果分为 A～D 四个档次。</td><td>18％</td></tr>
<tr><td>零部件配置质量保证</td><td>主要部件、材料等的品牌和性能评审。评分结果分为 A～D 四个档次。</td><td>10％</td></tr>
<tr><td>技术服务</td><td>质保期及售后服务的保证措施及技术培训；备品备件及专用工具保障性；路勘及运输方案的合理性和真实性。评分结果分为 A～D 四个档次。</td><td>2％</td></tr>
<tr><td>专项设计</td><td>专业安全设计，如防雷、防紫外线等，有一项专业安全设计得 50 分。</td><td>2％</td></tr>
<tr><td>运行维护成本</td><td>运行维护成本高低比较，评分结果分为 A～D 四个档次。</td><td>1％</td></tr>
</table>

续表

<table>
<tr><th colspan="2">条款号</th><th>评分因素</th><th>评分标准</th><th>权重</th></tr>
<tr><td>2.2.4（3）</td><td>投标报价评分标准（45%）</td><td>价格得分</td><td>P_i 计作投标人报价，D_i 为偏差率；
（1）$D_i=0$ 时，得 88 分。
（2）当 $0<D_i\leqslant3\%$时，每高 1%扣 1 分；
当 $3\%<D_i\leqslant5\%$时，每高 1%扣 2 分；
当 $D_i>5\%$时，每高 1%扣 4 分；
扣分分段累计，最低得 60 分。
（3）当 $-8\%\leqslant D_i<0$ 时，每低 1%加 1.5 分，最多加 12 分；
当 $D_i<-8\%$，每低 1%扣 3 分，最低得 60 分。
上述计分按分段累进计算，当入围投标人评标价与评标价基准值 B 比例值处于分段计算区间内时，分段计算按内插法等比例计扣分。</td><td>45%</td></tr>
<tr><th colspan="2">条款号</th><th>条款内容</th><th colspan="2">编列内容</th></tr>
<tr><td colspan="2">3.1.1</td><td>初步评审短名单的确定</td><td colspan="2">按照投标人的报价由低到高排序，当投标人少于 10 名时，选取排序前 5 名进入短名单；当投标人为 10 名及以上时，选取排序前 6 名进入短名单。若进入短名单的投标人未能通过初步评审，或进入短名单的投标人有算术错误，经修正后的报价高于其他未进入短名单的投标人报价时，则依序递补。如果数量不足 5 名，按照实际数量选取。</td></tr>
<tr><td colspan="2">3.2.1</td><td>详细评审名单的确定</td><td colspan="2">通过初步评审的投标人全部进入详细评审。</td></tr>
<tr><td colspan="2">3.2.2</td><td>投标报价的处理规则</td><td colspan="2">（1）对于投标人未做说明的报价修改，评标委员会将把修改后的报价按比例分摊到投标报价的相关各项目（不含暂估价项目）上，调整后的报价对投标人具有约束力。投标人不接受修正价格的，其投标将被否决。
（2）对于投标人未按招标文件规定进行报价的漏报项目应被视为含在所报价格中，但评标时评标委员会将把所有进入详细评审的投标人中对该项目的最高报价计入此投标人的此项评标价格。按此款所做的评标价格调整仅用于评标使用。
（3）如投标人某项目单价明显偏低，经评标委员会认定低于成本价时，则以进入详细评审短名单的所有投标人中该项目最高单价替换此单价，重新计算其经评审的投标价。</td></tr>
</table>

1　评标方法

本次评标采用综合评估法。评标委员会对满足招标文件实质性要求的投标文件，按照本章第 2.2 款规定的评分标准进行打分，并按综合得分由高到低顺序推荐不超过 3 名中标候选人，或根据招标人授权直接确定中标人，但投标报价低于其成本的除外。综合评分相等时，以投标报价低的优先；投标报价也相等时，技术得分高的优先；当技术得分也相等时，由招标人自行确定。

2 评审标准

2.1 初步评审标准

2.1.1 形式评审标准：见评标办法前附表。

2.1.2 资格评审标准：见评标办法前附表。

2.1.3 响应性评审标准：见评标办法前附表。

2.2 评分权重构成与评分标准

2.2.1 分值构成

（1）商务部分：见评标办法前附表；

（2）技术部分：见评标办法前附表；

（3）投标报价：见评标办法前附表。

2.2.2 评标价基准值计算

评标价基准值计算方法：见评标办法前附表。

2.2.3 投标报价的偏差率计算

投标报价的偏差率计算公式：见评标办法前附表。

2.2.4 评分标准

（1）商务部分评分标准：见评标办法前附表；

（2）技术部分评分标准：见评标办法前附表；

（3）投标报价评分标准：见评标办法前附表。

3 评标程序

3.1 初步评审

3.1.1 初步评审短名单的确定：见评标办法前附表。

3.1.2 评标委员会依据本章第 2.1 款规定的标准对投标文件进行初步评审。有一项不符合评审标准的，评标委员会应当否决其投标。

3.1.3 投标人有以下情形之一的，评标委员会应当否决其投标：

（1）第二章“投标人须知”第 1.4.3 项规定的任何一种情形的；

（2）串通投标或弄虚作假或有其他违法行为的；

（3）不按评标委员会要求澄清、说明或补正的。

3.1.4 技术评议时，存在下列情况之一的，评标委员会应当否决其投标：

（1）投标文件不满足招标文件技术规格中加注星号（“*”）的主要参数要求或加注星号（“*”）的主要参数无技术资料支持；

（2）投标文件技术规格中一般参数超出允许偏离的最大范围；

（3）投标文件技术规格中的响应与事实不符或虚假投标；

（4）投标文件中存在的按照招标文件中有关规定构成否决投标的其他技术偏差情况。

3.1.5　投标报价有算术错误的，评标委员会按以下原则对投标报价进行修正，修正的价格经投标人书面确认后具有约束力。投标人不接受修正价格的，评标委员会应当否决其投标。

（1）投标文件中的大写金额与小写金额不一致的，以大写金额为准；

（2）总价金额与依据单价计算出的结果不一致的，以单价金额为准修正总价，但单价金额小数点有明显错误的除外。

3.1.6　评标委员会将参考中国长江三峡集团有限公司供应商信用评价结果和招标人现阶段掌握的投标人不良行为记录进行评审。

3.1.7　经初步评审后合格投标人不足 3 名的，评标委员会应对其是否具有竞争性进行评审，因有效投标不足 3 个使得投标明显缺乏竞争的，评标委员会可以否决全部投标。

3.2　详细评审

3.2.1　详细评审短名单确定：见评标办法前附表。

3.2.2　投标报价的处理规则：见评标办法前附表。

3.2.3　评分按照如下规则进行。

（1）评分由评标委员会以记名方式进行，参加评分的评标专家应单独打分。凡未记名、涂改后无相应签名的评分票均作为废票处理。

（2）评分因素按照 A～D 四个档次评分的，A 档对应的分数为 100～90（含 90），B 档 90～80（含 80），C 档 80～70（含 70），D 档 70～60（含 60）。专家组讨论进入详细评审的投标人在各个评审因素的档次，评标委员会专家宜在讨论后决定的评分档次范围内打分。如专家对评分结果有不同看法，也可超档次范围打分，但应在意见表中陈述理由。

（3）专家打分汇总方法，参与打分的专家超过 5 名（含 5 名）时，汇总时去掉单项评价因素的一个最高分和一个最低分，以剩余样本的算术平均值作为投标人的得分。

（4）评分分值的中间计算过程保留小数点后三位，小数点后第四位“四舍五入”；评分分值计算结果保留小数点后两位，小数点后第三位“四舍五入”。

3.2.4　评标委员会按本章第 2.2 款规定的量化因素和分值进行打分，并计算出综合评估得分。

（1）按本章第 2.2.4（1）目规定的评审因素和分值对商务部分计算出得分 A；

（2）按本章第 2.2.4（2）目规定的评审因素和分值对技术部分计算出得分 B；

（3）按本章第 2.2.4（3）目规定的评审因素和分值对投标报价计算出得分 C；

（4）投标人综合得分＝A＋B＋C。

3.2.5 评标委员会发现投标人的报价明显低于其他投标人的报价，或者在设有标底时明显低于标底，使得其投标报价可能低于其成本的，应当要求该投标人做出书面说明并提供相应的证明材料。投标人不能合理说明或者不能提供相应证明材料的，由评标委员会认定该投标人以低于成本报价竞标，否决其投标。

3.3 投标文件的澄清和补正

3.3.1 在评标过程中，评标委员会可以书面形式要求投标人对所提交的投标文件中不明确的内容进行书面澄清或说明，或者对细微偏差进行补正。评标委员会不接受投标人主动提出的澄清、说明或补正。

3.3.2 澄清、说明和补正不得改变投标文件的实质性内容（算术性错误修正的除外）。投标人的书面澄清、说明和补正属于投标文件的组成部分。

3.3.3 评标委员会对投标人提交的澄清、说明或补正有疑问的，可以要求投标人进一步澄清、说明或补正。

3.4 评标结果

3.4.1 除第二章“投标人须知”前附表授权直接确定中标人外，评标委员会按照综合得分由高到低的顺序推荐不超过 3 名中标候选人。

3.4.2 评标委员会完成评标后，应当向招标人提交书面评标报告。

3.4.3 中标候选人在信用中国网站（http：//www.creditchina.gov.cn/）被查询存在与本次招标项目相关的严重失信行为，评标委员会认为可能影响其履约能力的，有权取消其中标候选人资格。

第四章 合同条款及格式

1 定义

1.1 “合同”：系指买卖双方达成一致并签署的符合合同格式要求的协议，包括所有的正文、附件和上述文件提到的属于合同组成部分的所有文件。

1.2 “业主”：是指________公司，或其继任人和受让人，为本合同项下合同设备的最终用户。

1.3 “买方”：系指购买本合同项下货物和服务的________（公司名称），或其继任人和受让人。

1.4 “卖方”：系指提供本合同项下货物和服务的________（公司名称），或其继任人和受让人。

1.5 “合同价”：系指根据合同规定，在卖方正确全面履行合同义务后，买方应支付给卖方的价款。

1.6 “合同条款”：系指本合同条款。

1.7 “货物”：系指卖方按照合同规定的义务应当提供的下列项目。（A）所有的风电机组及附属设备；（B）备品备件和安装维修工具；（C）其他相关设备。

1.8 “技术服务”：系指由卖方提供的与本合同设备有关的工程设计、设备监造、检验、土建、安装、调试、验收、性能验收试验、运行、检修时相应的技术指导、技术配合、技术培训等全过程的服务。

1.9 “技术培训”：系指就合同设备的设计、制造、试验、检验、安装、调试、试运行、验收试验、操作、维护保养等方面的作业以及本合同中所规定的卖方向买方人员提供的指导、讲解、示范和讲座，并提供培训场所。

1.10 “项目现场”：系指合同项下货物安装、运行的现场，即________项目。

1.11 “本地化”：系指风电机组或其部件实现在中国境内生产和制造的过程。

“属地化”：系指风电机组在项目所在地区实现总装。

1.12 “总装”：系指将风电机组各个部件总成，连接组装成一体，以达到所规定的产品技术要求的过程，该过程应包括但不限于：部件的进货检验、储存、装配、调试、出厂性能试验、包装等。

1.13 “技术资料”：系指与合同设备及风力发电场相关的设计、制造、监造、检验、安装、调试、验收、性能试验验收和技术指导等文件（包括图纸、各种文字说明、标准、各种软件）。

1.14 “试运行”：系指在安装、调试完成后在项目现场对每台风力发电机组所在的集电回路里所有风力发电机组进行的 240 小时连续无故障并网运行。

1.15 “预验收”：系指卖方提供的设备经安装、调试和试运行，达到合同规定的预验收标准而整个风场所有风力发电机组进入质量保证期的验收。预验收证书是表明买方接受预验收结果的证明，证书由买方和卖方共同签字。

1.16 “质量保证期”：系指合同设备签发预验收证书之日起整机 5 年。在此期间内，卖方负责保证合同设备的正常稳定运行并负责处理合同设备的任何缺陷。

1.17 “最终验收”：系指合同设备从签发预验收证书之日起按合同要求通过了 60 个月的质量保证期后的验收。

1.18 “日”：系指日历天。

1.19 “所有权转移”：系指货物运输至买方指定地点（车/船）板交货，完成开箱检查验收并办理到货签证，货物（设备）的权属转移至买方。

2 适用性

所有各条款的标题只是为了查阅，不具有解释或理解本合同的意义。

3 原产地

3.1 本合同项下拟供的货物和服务都应来自于中华人民共和国或与中华人民共和国有正常贸易往来的国家和地区（以下简称“合格来源地”）。

3.2 “原产地”是指合同设备生产、提供有关服务的来源地。

3.3 “货物”系指通过设计、试验、制造、加工或装配而成的从商业角度上公认的最新产品，在基本特征、功能和效用等方面被业界公认与单纯的元部件存在实质性差别。

4 合同标的

4.1 合同设备

（1）卖方提供的合同设备的供货范围列在合同附件一，其技术经济指标和有关技术条件的内容列在技术标准和要求中。其交货批次和进度列在合同附件三中。

（2）卖方所提供的所有合同设备的范围、技术性能和卖方对合同设备的技术保证详见本合同附件一和附件二。卖方提供的合同设备应满足质保期内当地电网公司的要求，若不满足，应按上述要求整改，相关费用由卖方承担。

（3）卖方应按第 14 条对合同设备提供质量保证。

4.2　技术文件

（1）卖方应根据合同附件五的规定向买方提供技术文件。

4.3　服务

（1）卖方应负责合同设备交货至买方现场指定地点以前的运输和保险，使合同设备的交货批次和进度符合合同附件三的要求。

（2）卖方应派遣数量足够的、有经验的、健康的和称职的并且具有相关技术专业工作经验的技术人员到工地提供技术服务，并在工地及卖方工厂提供技术培训。

（3）卖方应对在其指导、监督下的合同设备安装、调试、验收试验和试运行的设备质量负责，使其符合技术要求和有关标准的要求。

4.4　在本合同有效期内，卖方有义务向买方免费提供与本合同设备有关的最新运行经验，以及技术和安全方面的改进资料。

4.5　接口

（1）卖方应负责协调所提供的合同设备与其他相关设备制造厂商和分包商的接口，包括供货、设计、微观选址、性能参数匹配、项目管理和电网调度等。

（2）卖方负责对合同设备范围内有关系统和部件接口的设计、安装、调试、试运行中的协调。

5　标准

5.1　交付的本合同项下货物应符合技术规范规定的标准。如果技术规范没有规定应适用的标准，交付的本合同项下货物应符合货物来源国的官方标准。这些标准必须是有关机构发布的有效的最新版本。

5.2　除非本合同另有规定，计量单位均采用中华人民共和国法定计量单位。

6　合同价格

6.1　本合同总价为￥__________，人民币（大写）：__________。其中，不含税价：__________，增值税税额：__________，增值税税率__________。

单位名称：____________________；

纳税人识别号：____________________；

地址：____________________；

电话：____________________；

开户行名称：____________________；

账户：____________________。

单位名称：＿＿＿＿＿＿＿＿＿＿＿＿＿＿＿＿；
纳税人识别号：＿＿＿＿＿＿＿＿＿＿＿＿＿＿；
地址：＿＿＿＿＿＿＿＿＿＿＿＿＿＿＿＿＿＿；
电话：＿＿＿＿＿＿＿＿＿＿＿＿＿＿＿＿＿＿；
开户行名称：＿＿＿＿＿＿＿＿＿＿＿＿＿＿＿；
账户：＿＿＿＿＿＿＿＿＿＿＿＿＿＿＿＿＿＿。

6.2　本合同总价包括了本合同项下所有风力发电机组设备费、技术资料、大件运输费及运输措施费、卖方提供的技术服务费和买方在卖方工作时卖方的配合费以及相关的税费。

6.3　合同的分项价格见合同附件一。

6.4　在合同执行过程中同一批次的货物价格固定不变。

6.5　合同项下风力发电机组设备价格（包含备品备件、安装维修工具和易损件）包括设备出厂价及与设备有关的卖方所应缴纳的税费，从制造厂到交货地点的运输费、装卸费、保险费，包装费、技术资料费以及合同设备所需进口关税、增值税、进口环节相关费用、国外验收费用等（风机设备供货方提供的高强度螺栓由风机供货方承担第三方检测费用）。

6.6　大件运输措施费系指合同约定卖方将合同设备大件运抵工地买方指定地点（风机吊装机位）所需要发生的前期路勘、地方协调和道路改造、桥梁加固等一切措施费用，其中进入风电场范围之后为满足设备运输所需要的道路改造及桥梁加固的费用由买方承担（买方仅承担场内道路为满足设备运输所需要的改造、桥梁加固的费用，不免除卖方在设备交货之前的运输和保管责任）。本合同所指风电场范围是指由买方修建的风电场检修道路及进场道路＿＿＿（明确具体分界点）的整个范围，进入风电场之前的高速、国道、省道、公路以及草场内便道均不属于风电场范围内。

6.7　卖方提供的技术服务费系指合同约定卖方技术服务范围内的一切费用以及卖方人员到买方和/或施工现场的各种费用，包括工资及往返旅费。买方将为卖方技术指导人员提供在现场生活和办公的便利条件，但生活、住宿、办公、通讯、医疗、交通等所有费用均由卖方自理。

6.8　买方在卖方工作时卖方配合费系指合同约定买方人员参加设计联络会、技术培训和工厂检验及见证时卖方提供相关配合的费用。如果买方要求提前调试，由卖方自备调试电源（发电机）完成非并网状态下的调试工作，合同价格包含该项费用。

7　支付

7.1　本合同项下买方对卖方、卖方对买方的支付均采用银行电汇或银行承兑汇票等方式，其中承兑汇票比例不超过合同总额的 30%。

7.2　本合同项下的所有款项支付币种均为人民币。卖方应按照结算款项金额向买方提供符合税务规定的增值税专用发票，买方在收到卖方提供的合格增值税专用发票后支付款项。卖方应确保增值税专用发票真实、规范、合法，如卖方虚开或提供不合格的增值税专用发票，造成买方经济损失的，卖方承担全部赔偿责任，并重新向买方开具符合规定的增值税专用发票。

7.3　本合同项下的合同设备费支付方式如下：

7.3.1　合同设备预付款支付

合同生效日期后 30 天内，买方凭卖方提交的下列单据并经买方审核无误后 15 天内，支付给卖方本合同总价的 20%（￥　　　　，大写：　　　　）：

（1）由银行开具的金额为合同总价 5%的不可撤销的以买方为受益人的履约保函，格式见本合同附件十；

（2）由银行开具的金额为合同总价 20%的不可撤销的以买方为受益人的合同预付款保函，格式见本合同附件十一；

（3）金额为本次实际支付价款等额的财务收据。

履约保函格式见附件十，保函须保证自合同签订日期起至整个工程通过预验收后 30 日内有效；若保函到期 30 日前工程未通过预验收，卖方须就履约保函办理续保手续，否则买方有权从任何一笔给卖方付款中扣留相应金额履约保证金，同时买方保留采用其他方式追索的权利。

预付款保函格式见附件十一，保函须保证自卖方收到合同预付款起至预付款扣除完毕后 30 日内有效；若保函到期 30 日前预付款未全部扣回，卖方须就预付款保函办理续保手续，否则买方有权从任何一笔付款中一次性扣回相应金额预付款，同时买方保留采用其他方式追索的权利。

在预付款保函有效期内，因卖方违反合同约定的义务，买方要求收回预付款时，预付款保函担保的金额为预付款金额减去买方按合同约定在向卖方签发的进度付款证书中扣除的金额，同时卖方应向买方支付从卖方收到预付款之日起至银行退回预付款担保金额之日止按照同期贷款年利率计算的利息。

7.3.2　设备交付后的支付

在卖方每批设备交货完成后，买方及监理在合同现场经清点无误并验收合格，凭卖方提交的下列单据并经买方及监理审核无误签字后 30 天内，向卖方支付本批货物价款的 70%（￥　　　　，大写：　　　　），同时以本批货物价款的 30%扣除预付款，预付款全部扣除为止，预付款全部扣除后 30 日内买方退还卖方预付款保函。

（1）买方代表签署的“设备验收（收货）证明”；

（2）金额为本批货物价款 100%的增值税专用发票；

（3）金额为本次实际支付价款等额的财务收据；

（4）详细装箱单；

（5）质量证书。

7.3.3　安装和调试完成后的支付

在卖方设备全部安装和调试完成达到本合同规定和相关规程规范及电网公司要求后，凭卖方提交的下列单据并经买方及监理审核无误签字后 30 天内，向卖方支付本合同总价的 10%（￥　　　　，大写：　　　　）。

（1）买方代表签署的“可靠性运行申请书”；

（2）金额为本次实际支付价款等额的财务收据。

7.3.4　预验收款的支付

卖方设备全部预验收后，买方凭卖方提交的下列单据并经买方及监理审核无误签字后 30 天内，支付给卖方合同总价的 20%（￥　　　　，大写：　　　　）作为预验收款，同时扣除合同总结算价 10%的质量保证金。

（1）买卖双方代表签署的预验收证书；

（2）金额为本次实际支付价款等额的财务收据。

7.3.5　质量保证金的支付

在签发预验收证书之日两年后，买方凭卖方提交的下列单据并经买方审核无误后 30 日内，支付给卖方合同总价的 10%（￥　　　　，大写：　　　　）作为质量保证金付款。

（1）金额为本次实际支付价款等额的财务收据；

（2）同等金额且有效期至质量保证期满后 30 日的不可撤销质量保函（格式见本合同附件十二）；

（3）经买方审核卖方设备通过合同规定的所有考核的证书（证书中需说明考核结果相关数据）。

7.3.6　质量保函的退还

在签发预验收证书之日起 5 年后，买方凭卖方提交的下列单据并经买方审核无误后 30 日内退还。

（1）双方授权代表共同签署的全部机组的最终验收证书；

（2）本合同中提及的主要部件保险单据。

7.4　违约金的扣除与支付

在卖方有义务向买方支付合同项下的违约金和/或赔偿金时，买方有权从上述任何一笔应付款或保函中予以扣除。

7.5　主要分包和外购设备的付款

7.5.1　由于买方与卖方的合同分包商和外购设备供货商没有直接的合同关系，故本合同设备的卖方的分包和外购设备的付款由卖方负责。但如果发生由于个别原因（买方按时向卖方付款而卖方却没有按时向其分包商或外购设备供货商付款）导致卖方的分包和外购设备有可能不按时交货以至于影响施工进度的情况，买方有权暂时中止向卖方付款。在卖方向其分包商或外购设备供货商支付相关款项后，买方将继续向卖方付款，但此时买方将追究卖方延误工期的责任。

7.5.2　如果卖方仍未向其分包商或外购设备供货商付款，买方出于保障工程进度的目的，有权直接向其分包商或外购设备供货商付款。但在此情况下，卖方必须协助买方同卖方的分包商或外购设备供货商另行签订转付款协议书，同时该协议书中此转付款连同买方发生的贷款利息将从下一笔买方向卖方的付款中扣除。卖方应按照本条约定开具相应的发票。

7.5.3　如果卖方既不及时向其分包商或外购设备供应商付款，也不配合签署转付款协议书，致使买方无法直接向卖方的分包商或外购设备供应商付款，因此而影响设备制造进度或者供货进度达到30天以上的，视为卖方没有继续履约的诚意，买方有权单方面解除合同，并按本协议第23.1款追究卖方的违约责任。

7.6　买方与银行发生的与执行合同有关的银行费用由买方负担，卖方与银行发生的与执行合同有关的银行费用由卖方负担。

8　包装

8.1　卖方应按照有关国家标准和本合同中关于包装、储运指示标志的规定及货物承运部门的规定，提供货物运至合同规定的最终目的地所需要的包装，以防止货物在转运中损坏、丢失或变质。这类包装应当防潮、防晒、防锈、防腐蚀、防震动及其他可能的损坏，保证货物能够经受多次搬运、装卸、长途运输以便安全完整地运抵最终目的地。

8.2　包装应保证在运输、装卸过程中完好无损，并有减震、防冲击的措施。若包装无法防止运输、装卸过程中垂直、水平加速度引起的设备损坏，卖方在设备的结构设计上应予以解决。

8.3　产品包装前，卖方应按部套进行检查清理，不留异物，并保证零部件齐全。

8.4　卖方对包装箱内和捆内的各散装部件在装配图中的部件号、零件号应标记清楚。

8.5 对裸装货物应以金属标签或直接在设备本身注明上述有关内容。大件货物应带有足够的货物支撑或包装垫木。

8.6 每件包装箱内，应附有包括分件名称、数量、机组号、图号的详细装箱单、质量合格证明书、操作手册和/或技术资料一式二份。外购件包装箱内应有产品出厂质量合格证明书、技术说明书一式二份。另外快递邮寄装箱清单各两份。

8.7 备品备件和安装维修工具应按每套设备分别包装，并在包装箱外按合同条款第 8.17 款注明上述内容，并标注“备品备件”或“安装维修工具”的字样，一次性发货。

8.8 卖方应在成包的或成捆的散装附件上贴注标签，标签应以清晰的中文印刷体书写，注明第 8.17 款的相关内容。

8.9 各种材料及设备的松散零星部件应采用合适的包装方式，装入尺寸适当的箱内，并尽可能整车发运。

8.10 所有管道、管件、阀门及其他设备的端口必须用保护盖或其他方式妥善防护。

8.11 卖方不得用同一箱号标明任何两个箱件，包装箱应连续编号，而且在全部装运的过程中，装箱编号的顺序始终是连贯的。

8.12 对于需要保证精确装配的明亮洁净加工面的货物，加工面应采用优良、耐久的保护层（不得用油漆），以防止在安装前发生锈蚀和损坏。

8.13 卖方交付的技术资料应使用适合于长途运输、多次搬运、防雨和防潮的包装，并应防止潮气和海水的侵蚀。每包技术资料的封面上应注明下述内容：

（1）合同号；

（2）供货、收货单位名称；

（3）目的地；

（4）毛重；

（5）箱号/包号。

每一包资料内应附有技术资料的详细清单一式二份，标明技术资料的序号、文件号、名称和页数。

8.14 卖方将承担由于其包装不当、标注不清或防护不足而引起货物锈蚀、损坏和丢失的全部责任。卖方在项目施工现场交付的货物必须是全新的、完好无损的；无论何时何地发现货物由于包装不当受损，买方有权拒绝接收该批货物并且卖方应及时修理、更换、赔偿。在运输途中如发生货物损坏或丢失，卖方应负责与承运部门及保险公司交涉，同时卖方应尽快向买方补供货物以满足工期需要。

8.15 木质包装材料应当按照检验检疫局的规定进行熏蒸处理，并加施 IPPC 专用标示的证明。对非木质包装材料应出具非木质包装证明。

8.16　卖方应当在每一包装箱相邻的四面用不可擦除的油漆和明显的中文字样做出以下标记：

（1）收货人；

（2）合同号；

（3）发货标记（唛头）；

（4）收货人编号；

（5）目的地；

（6）货物名称、品目号和箱号；

（7）毛重/净重（用公斤表示）；

（8）尺寸（长×宽×高，用厘米表示）。

8.17　如果单件包装箱的重量在2吨或2吨以上，卖方应在包装箱两侧用中文和国际贸易通用的运输标记标注“重心”和“起吊点”以便装卸和搬运。卖方应当根据货物的特点和运输的要求在包装箱上清楚地标注“小心轻放”“此端朝上，请勿倒置”“保持干燥”等字样和其他贸易中通用的标记。

9　交货和运输

9.1　卖方负责设备和材料的供货和运输及货物交付前的现场保管，应按合同规定的交货进度有序地组织设备交货（车板交货），交货进度见附件。本合同设备的到货期及到货顺序应满足工程建设设备安装进度和顺序的要求，应保证部套的及时和完整。在车板交货并通过交货验收，且设备验收证明、装箱清单、质量证书等齐备后，货物的所有权从卖方转移到买方。

9.2　合同生效后15日内卖方应向买方提供每批货物的名称、总重量、总体积和到货日期的初步到货计划及本合同项下的货物总清单和装箱总清单，以便买方掌握设备到货情况和工程进展情况。

9.3　卖方应根据大件运输的线路及运输方式，对沿途所经过的涵洞、桥梁等构、建筑物进行充分的调查和论证，并提出大件运输的方案，确保大件设备运至现场指定交货地点。

9.4　交货地点

9.4.1　合同设备的交货地点为：________项目买方指定地点。

9.4.2　卖方应按合同的规定，向买方提供技术资料。技术资料应采用专人或特快专递的方式提交，卖方应在邮寄前向买方确认邮寄地址及联系方式。技术资料送达买方签收的时间为技术资料的交付时间，此时技术资料的交付风险由卖方转移至买方。

9.5　技术资料中应注明技术资料的详细清单、件数、重量、合同号等。如果技术资料经买方或买方代表检查后发现有缺少或损坏，且非买方原因，卖方应在收到买方通知后 7 日内（紧急情况下 3 日内）免费向项目现场补充提供缺少或损坏的部分。如卖方不能在规定时间内提供要求的技术资料，将按本合同第 23 条规定处理。如因买方原因发生缺少、丢失或损坏，卖方应在收到买方通知后 7 日内（紧急情况下 3 日内）向项目现场补充提供缺少、丢失或损坏的部分，费用由买方承担。

9.6　在质量保证期内由于卖方的过失或疏忽造成的供应设备（或部件）损坏或潜在缺陷，而动用了买方库存中的备品备件以调换损坏的设备或部件，则卖方应负责免费将动用的备品备件补齐，最迟不得超过 30 日运抵买方仓库。

9.7　买方可派遣代表到卖方工厂及装货地点检查包装质量和监督装货情况。卖方应提前 15 日通知买方装运日期。如果买方代表不能及时参加检验，卖方有权发货。上述买方代表的检查与监督不能免除卖方应负的责任。

9.8　货物到达项目现场后，卖方在接到买方通知后应及时到现场，与买方一起根据运输单据和装箱单对货物的包装、外观及件数进行清点检验。如发现有任何不符之处经双方代表确认属卖方责任后，由卖方处理解决。卖方应及时通知保险公司和承运部门，并应尽快补齐所缺货物，卸塔筒、叶片的工具单独发到项目现场，具体时间按照买方要求，卸机舱的工具和第一批机舱同时抵达项目现场。

9.9　在每批设备达到工地买方指定地点后，买方将通知卖方共同进行现场开箱检验。在确定所交货物完整无误后，买方的授权代表将与卖方的现场代表签署该批设备的“设备收货证明”一式四份，双方各执二份。直接运到项目现场的进口配套设备开箱检验时，卖方的现场代表应提供给买方进口配套设备的商检证明复印件两份。

如果发生包装破损导致设备/部件丢失或损坏，则卖方应在买方规定的时限内补充齐全并承担相应的合同责任。

如果发现所交货物与实际交货清单不符，双方应视情节轻重协商解决。确属情节严重的，买方有权拒签。待此问题解决后，再签署“设备收货证明”。

9.10　卖方应严格按合同交货进度交货。如果由于买方原因要求卖方提前或推迟交货，卖方应尽力予以合作，但买方必须提前两个月以书面形式通知卖方，以便卖方有必要的生产和运输时间来满足实际交货。

9.11　为实现对设备及材料的计算机管理，卖方应在每批货物交运后向买方发送一份装箱清单的电子邮件，并应在每批货物交运时随货提供一张装箱清单的计算机光盘或 U 盘（文档应采用 Microsoft Office 软件编制）。

9.12　卖方装运的货物不应超过合同规定的数量或重量，否则，卖方对由此产生的一切费用和后果承担全部责任。

9.13　货物由于包装不当或在运输过程中发生损坏/灭失，除风险由卖方承担外，卖方还应赔偿买方因此蒙受的全部损失。

9.14　卖方应在买方指定地点车板交货，且应无条件服从买方现场人员及监理的指挥，不得干扰施工现场秩序。如违反该规定，卖方需赔偿买方误工损失及发电收益损失。

10　保险

10.1　卖方应以卖方为受益人对合同设备根据水运、陆运和空运等运输方式，向保险公司投保发运合同设备价格110%的运输一切险，保险区段为：卖方仓库至______项目施工现场指定地点；保险时段为：货物发运日至货物运抵施工现场完成验收、卸货日止。

10.2　卖方应当在每一批货物发运7日前将该批货物的运输保险合同副本递交给买方；如果卖方未按时递交运输保险合同副本或未办理货物运输保险，由此产生的风险或损失（损害）由卖方承担。

10.3　卖方应在履行合同期间为其人员和物资财产的损失或损害，或第三方人员的伤亡办理相关保险。

10.4　卖方需为其提供的风力发电机组主要部件购买保险，保险受益人为买方，保险期限应覆盖主要部件设计使用年限。

11　技术服务和联络

11.1　卖方应及时提供与本合同设备有关的工程设计、检验、土建、安装、调试、验收、性能验收试验、运行、检修等相应的技术指导、技术配合、技术培训等全过程服务。

11.2　卖方需派代表到项目现场进行技术服务，并负责解决合同设备在安装调试、试运行及其他试验或验收过程中发现的制造质量缺陷，协调交货进度相关问题。

11.3　卖方应在合同生效后3个月内向买方提交执行11.1和11.2款规定的服务工作的组织计划一式两份。

11.4　在合同生效后10日内，双方确定技术联络会的时间。

11.5　卖方有义务在必要时邀请买方参与卖方的技术设计，并向买方解释技术设计有关问题。

11.6　如遇重大问题需要双方立即研究协商时，任何一方均可建议召开会议。在一般情况下，另一方应同意参加。

11.7　各次会议及其他联络方式双方均应签订会议或联络纪要，所签纪要双方均应执行。如涉及合同条款有修改时，需经双方法定代表人或授权代表批准。

11.8　卖方提出并经双方在会议上确定的安装、调试和运行技术服务方案，卖方如有修改，须以书面形式通知买方，经买方确认后方可进行。为适应现场条件的要求，买方有权提出变更或修改意见，并书面通知卖方，除非卖方有合理的解释和说明，否则应满足买方要求。

11.9　买方有权将卖方所提供的一切与本合同设备有关的资料分发给与本工程有关的各方，并不由此构成任何侵权，但买方不得向任何与本工程无关的第三方提供这些资料。

11.10　对盖有“密件”印章的买方、卖方资料，双方都有为其保密的义务。

11.11　卖方须对一切与本合同有关的供货、设备及技术接口、技术服务等问题负全部责任。

11.12　凡与本合同设备相连接的其他设备装置，卖方有提供接口和技术配合的义务，并不由此而发生合同价格以外的任何费用。

11.13　卖方派到现场服务的技术人员应是有类似工程实践经验、可胜任此项工作的人员。买方有权提出更换不符合要求的卖方现场服务人员，卖方应根据现场需要，重新选派买方认可的服务人员。如果买方在书面提出该项要求 10 日内卖方没有答复，将按本合同有关规定视为延误工期等同处理。

11.14　由于卖方技术服务人员对安装、调试的技术指导的疏忽和错误以及卖方未按要求派人指导而造成的损失应由卖方承担。

11.15　技术服务和联络的具体要求见附件五。

11.16　卖方所需（当地或外地的）全部职工的雇用，以及所需职工的工资、住宿、膳食和交通工具，均应由卖方自行负责安排。

11.17　卖方应与买方安全部门签订安全合同。负责采取预防措施以保证其职工的健康与安全。卖方应与当地卫生部门合作并按其要求，保证在住地和现场始终配有医务人员、急救设施和救护设施；保证按照福利与卫生方面的要求以及预防流行性传染病的需要，做出适当安排。卖方应对现场人员的人身安全与事故预防工作采取保护性措施，以防止事故发生。一旦发生了事故，卖方应尽快将事故详情报告送交买方代表。

11.18　卖方应随时采取各种合理的预防措施，防止其职工或职工内部发生非法行为、暴乱行为或扰乱社会治安的行为，并维持好治安，防止上述行为殃及本工程附近的人员和财产。

11.19　卖方须在设备安装前 60 天向买方提供风电机组设备安装作业计划书，并进行风电机组安装指导。

12　监造、检验、安装调试和验收

12.1　设备监造

1）监造依据：根据本合同、原电力工业部、机械工业部文件电办（1995）37 号

《大型电力设备质量监造暂行规定》和《驻大型电力设备制造厂总代表组工作条例》的规定或新颁标准的规定，以及国家其他有关规定。

2）监造方式：文件见证、现场见证和停工待检，即R点、W点、H点。

每次监造内容完成后，卖方和监造代表均需在见证表格上履行签字手续。卖方将复印件交买方监造代表一份。

R点：卖方只需提供检验或试验记录或报告的项目，即文件见证。

W点：买方监造代表参加的检验或试验的项目，即现场见证。

H点：卖方在进行至该点时必须停工等待买方监造代表参加的检验或试验的项目，即停工待检。

买方接到见证通知后，应及时派代表到卖方检验或试验的现场参加现场见证或停工待检。如果买方代表不能按时参加，W点可自动转为R点，但H点如果没有买方书面通知同意转为R点，卖方不得自行转入下道工序，应与买方商定更改见证时间。如果更改后，买方仍不能按时参加，则H点自动转为R点。

3）监造内容：设备监造项目见附件六。

4）对卖方配合监造的要求。

（1）卖方有配合买方监造的义务，及时提供相关资料，并不由此发生任何费用。

（2）卖方应给买方监造代表提供工作和生活方便。

（3）卖方应在现场见证或停工待检前将设备监造项目及时间通知买方监造代表。

（4）买方监造代表有权查（借）阅与合同监造设备有关的技术资料，如买方认为需要复印存档，卖方应提供方便。

（5）卖方应在见证后将有关检查、试验记录和报告资料提供给买方监造代表。

（6）买方的监造并不免除任何卖方对设备制造质量所应负的责任。

12.2　工厂检验

（1）工厂检验是质量控制的一个重要组成部分。卖方需严格进行厂内各生产环节的检验和试验。卖方提供的合同设备需签发质量证明、检验记录和测试报告，并且作为交货时质量证明文件的组成部分。

（2）检查的范围包括原材料和元器件的进厂，部件的加工、组装、试验和出厂试验。

（3）卖方检验的结果要满足附件的要求，如有不符之处或达不到标准要求，卖方要采取措施直至满足要求，同时向买方提交不一致性报告。卖方发生重大质量问题时应将情况及时通知买方。

（4）工厂检查的所有费用包括在合同设备总价中。

12.3　现场开箱检验

（1）现场开箱检验时，如发现设备由于卖方原因（包括运输）有任何损坏、缺陷、短少或不符合合同中规定的质量标准和规范，应做好记录，并由双方代表签字，各执一份，作为买方向卖方提出修理、更换或索赔的依据；如果卖方委托买方修理损坏的设备，所有修理设备的费用由卖方承担。如果由于买方原因造成损坏或遗失，卖方在接到买方通知后，应尽快提供或替换相应的部件，但费用由买方承担。

（2）卖方如对上述买方提出修理、更换、索赔的要求有异议，应在接到买方书面通知后 7 日内提出，否则上述要求即告成立。如有异议，卖方在接到通知后 2 日内，自费派代表赴现场同买方代表共同复验。

（3）如双方代表在会同检验中对检验记录不能取得一致意见，可由双方委托权威的第三方检验机构/双方权威检验机构联合进行检验。检验结果对双方都有约束力，检验费用由责任方负担。

（4）卖方在接到买方按照本合同规定提出的索赔后，应在接到索赔通知后的 7 日内尽快完成修理、更换或补发短缺部分，由此产生的制造、修理和运费及保险费均应由责任方负担。对于上述索赔，如责任在卖方，则由买方从下次付款中扣除。

（5）由于卖方原因而引起的设备或部件的修理或更换的时间，以不影响风电场建设进度为原则，但最迟不得晚于发现缺陷、损坏或短缺等之后 1 个月，否则按本合同有关条款处理。

（6）上述各项检验仅是现场的到货检验，无论是否发现设备质量缺陷或损坏或短缺，或卖方已按索赔要求予以更换或修理，均不能免除卖方按本合同有关规定应承担的质量保证责任。

（7）在确定所交货物完整无误后，买方的授权代表将与卖方的现场代表签署该批设备的“设备验收（收货）证明”。

12.4　安装调试

（1）本合同设备由买方根据卖方提供的技术资料、检验标准、图纸及说明书进行安装、调试、运行和维修。整个安装、调试过程须在卖方现场技术服务人员指导下进行。重要工序须经卖方现场技术服务人员签字确认。重要工序应由卖方在安装作业指导书中详细说明。合同设备的调试由卖方负责。

（2）在安装调试之前，卖方应提供安装作业指导书，且卖方技术人员应现场详细讲解安装方法和要求。在安装过程中，卖方技术人员应对安装工作给予技术指导和监督服务，参加为满足保证指标和安全稳定运行所需的合同设备的安装质量的检验和测试，并应尽快解决调试中出现的设备问题，其所需时间应满足现场安装的需要。风电场在倒送电后，卖方必须保证单台风机调试时间不超过 3 天，整场调试时间不得超过 30 天，否则将按本合同有关规定视为延误工期等同处理。

（3）安装过程中，若买方未按卖方技术资料的规定和现场技术服务人员指导进行工作或未经卖方现场技术服务人员签字确认进入下道工序而出现问题，买方自行负责（除设备自身缺陷外）；若按卖方技术资料或卖方现场技术人员的指导导致错误，则卖方承担责任及相关费用。

（4）在安装过程中，卖方每周一向买方提供上周风机安装调试周报，卖方技术人员离开安装现场需征得买方批准。同时，卖方应向买方提出书面请假，征得买方同意后项目经理方可离开，并应委派代表代行其职。离开工地未向买方书面请假并获得批准或无正当理由超假的，处以违约金 10000 元/天。

12.5　试运行

12.5.1　为证实合同设备能够按照合同规定的运行方式安全、可靠地运行，在调试结束后，在自然条件适合运行的情况下，一回集电线路内的所有机组同时开始试运行，进入试运行的同一回集电线路的所有机组需安全无故障连续并网运行 240 小时，所有机组的试运行均由卖方负责，风电场可以按集电线路分批次进入试运行，也可整个风电场一次进入试运行，但项目试运行结束以项目全部通过试运行为准。

12.5.2　卖方应在一回集电线路的所有机组具备试运行条件前 3 天向买方提交“试运行申请书”，经买方同意后，从计划进入试运行的当天同一回集电线路内的所有机组正常并网时刻开始计时。试运行工作在合同双方代表共同监督下进行，并在“试运行申请书”中记录机组试运行过程，在试运行结束后由买方签署试运行结论意见。

风电项目进入试运行的每台风电机组应连续、稳定、无故障并网运行 240 小时，并且在此期间如出现额定风速，机组应达到额定出力，则视为试运行合格。如果在 240 小时的试运行期内，没有出现额定风速，则试运行顺延 120 小时，如果仍未出现额定风速且机组运行正常，则暂视为试运行合格（作为付款依据）。待出现额定风速后，机组未达到额定出力，则视为不合格，厂家需退回相应款项及期间利息。具体要求如下：

进入试运行的批次若单台风机通讯中断持续 1 小时以上，则需重新进入试运行；1 小时以内的，试运行时间相应顺延。

试运行期间机组运行异常，或出现同一故障的次数超过进入试运行机组台数的 10%，则待故障消除后，重新进入试运行。

试运行期间单台风机出现故障停运 2 小时以上，5 小时以内的，试运行时间相应顺延；超过 5 小时的，则待故障消除后，重新进入试运行。

试运行期间，风机正常情况下停机，起机后出现 3 次不可远程复位故障时，则待故障消除后，重新进入试运行。

试运行结束后，由项目公司书面答复风电机组主机供应商通过或未通过试运行，同时将试运行情况报送买方。

12.5.3　如机组在试运行过程中出现故障，卖方应在第一时间通知买方，并尽快进行消缺，在消缺完成、机组正常并网时刻开始重新计时。试运行期限为 6 个月。如果在限期内无法通过试运行，买方有理由要求卖方更换机组，由此产生的费用由卖方负担。

12.5.4　卖方在试运行开始前 30 天将试运行的详细程序提交给买方现场代表，并经双方批准。

12.6　卖方不负责由于下列原因造成的质量保证及担保指标未达到：

12.6.1　采用非卖方认可的材料、设计或其他供货。

12.6.2　经双方认可由于买方运行不当或失误。

12.6.3　未按照卖方技术人员或手册要求，运行和维护风机。

12.6.4　由于电网故障和不可抗力等原因造成的。

12.7　预验收

进行预验收之前必须具备如下条件：

（1）单位机组全部安装完毕；

（2）整个风场机组都已通过了试运行，达到《DL T 5191—2004 风力发电场项目建设工程验收规程》中的移交生产要求；

（3）机组试运行出现的问题都已得到妥善处理。

整个风场机组通过试运行，并达到了合同规定的指标，由卖方向买方提交预验收申请，双方签署预验收证书一式四份。

出具的验收证书，只是证明卖方所提供的合同设备性能和参数截至出具预验收证书时，可以按合同要求予以接收，但不能免除本合同规定的卖方责任。

12.8　最终验收

质量保证期结束后，设备运行达到技术规范书中的规定，双方签署最终验收证书一式四份。

13　备品备件/消耗品

13.1　根据规定，卖方可能被要求提供下列与备品备件有关的材料、通知和资料：

（1）在备品备件停止生产的情况下，卖方应提前 6 个月将停止生产的计划通知买方，使买方有足够的时间采购所需的备品备件；

（2）在备品备件停止生产后，如果买方要求，卖方应免费向买方提供备品备件的图纸和规格。

13.2　卖方应按照附件中的规定提供保证 5 年正常运行所需的备品备件，并在最终验收证书签订前按清单补齐，并保证补齐的备品备件的产品质量是合格的。

13.3　卖方应按照附件中的规定提供保证五年正常运行所需的消耗品，并在最终验收证书签订前按清单补齐，并保证补齐的消耗品的产品质量是合格的。

13.4　在全部合同设备最终验收后5年内，在买方需要购买任何一种备品备件和消耗品时，卖方须按不高于其合同备品备件清单的价格提供给买方。

13.5　在设备寿命期内，卖方欲停止或不能制造某些备品备件，应及时向买方推荐此类备品备件的升级和替代产品。但如果无升级和替代产品，卖方应提前6个月通知买方，以便买方有足够的时间从卖方处对所需的备品备件做最后一次订货，并且卖方有义务免费提供制造这些备品备件的图纸、样板、工具、模具及技术说明等，使买方能够为合同设备制造所需的备品备件，且买方制造这些备品备件不构成对专利及工业设计权的侵权。

13.6　自本合同生效之日起至机组寿命期结束，卖方有义务提供与本项目有关的所有新的或经改进的运行经验、技术和安全方面的改进资料。卖方提供这些文件资料不存在任何专利、技术和生产许可的转让，买方使用上述资料也不构成任何侵权，但买方不得向任何与本项目无关的第三方提供。

14　保证

14.1　卖方应保证合同项下所供货物是全新的。除非合同另有规定，货物应含有设计和材料的全部最新改进。卖方保证所提供合同项下的全部货物没有设计、材料或工艺上的缺陷（由于按买方的要求设计或按买方的规格提供的材料导致的缺陷除外），没有因卖方的行为或疏忽而导致的缺陷，这些缺陷是所供货物在最终使用地正常运行条件下合理使用可能产生的。

14.2　卖方应当保证本合同项下的设备满足使用寿命20年的要求，在使用寿命期内，主要部件不应损坏；合同设备的元件或部件，其质保期不短于5年，从预验收之日起计算，在质保期内机组任何部件出现故障，卖方应保证在8小时之内赶到现场并进行处理；合同设备运行性能应符合附件二的要求。若质保期内主要部件有消缺事宜时，因主要部件损坏相关联的非主要部件应以消缺完毕、验收合格之日起，重新计时5年。

14.3　买方应尽快以书面形式通知卖方保证期内所发现的货物缺陷；卖方收到通知后应在5日内采取措施尽快免费维修或更换存在缺陷的货物或部件。

14.4　卖方收到通知后应在规定的时间内免费维修或更换有缺陷的合同设备或部件（由卖方列出承诺的时间表），如需更换，卖方应负担由此产生的到安装现场更换的一切费用，更换或修理期限应不迟于证实属卖方责任之日起20日内。

14.5　如果卖方收到通知后在合同规定的时间内没有以合理的速度弥补缺陷，买方可以采取必要的补救措施，由此产生的风险和费用由卖方承担，买方根据合同规定享有的其他权利或权力不受影响。

14.6　卖方应保证，其所提供的合同设备或技术资料（包括其整体及其所包含的所有组成部分）均已合法地获得并有效适用于买方所在国家和地区的所有有关知识产权规定，若买方因购买和使用卖方所提供的合同设备或技术资料而遭受任何第三方的追索、诉讼或仲裁，或受到买方所在国的国家政府部门、行政机关、司法机关的处罚、判决、执行，卖方应补偿买方因此而遭受的一切损失。

14.7 如果对货物的缺陷存在争议，卖方首先应按买方要求采取有效措施更换或处理缺陷设备，直至满足合同要求。争议的解决可以通过协商或索赔等方式处理。

14.8 对于卖方未能按照合同规定全面履约的失信行为，买方将按照《中国长江三峡集团公司供应商信用评价管理办法》中的相关规定进行处理。

15 索赔

15.1 如果卖方提供的货物不满足合同要求且责任在卖方，卖方应按照买方同意的下列方式中的一种或几种方式结合起来解决索赔事宜：

（1）根据合同设备的偏差情况、损坏程度以及买方所遭受损失的金额，经买卖双方商定降低合同设备的价格。

（2）用符合合同规定的规格、质量和性能要求的新零件、部件和/或设备替换存在缺陷的零件、部件和/或设备，或者对存在缺陷的零件、部件和/或设备进行修复，卖方应承担一切费用和风险，并赔偿买方蒙受的全部直接损失。同时，卖方应相应延长所更换货物的质量保证期。

（3）如果买方提出退货要求并向卖方发出书面通知，卖方必须在收到书面通知后一个月内，根据买方要求办理退货手续，将书面通知中要求的货物运出项目施工现场，将相应的货款退还给买方，并且承担由此造成的全部损失和费用（包括利息、银行手续费、运杂费、保险费、检验费、仓储费、装卸费、买方及其人员因退货造成的误工损失、买方因为退货导致工程延期产生的损失、为看管和保护退回合同设备所需的其他必要费用等）。

15.2 如果在买方发出索赔通知后 14 日内，卖方没有书面答复买方，索赔通知的内容视为已被卖方接受。在买方发出索赔通知后 14 日内或买方同意的延长期限内，如果卖方未能按照合同条款规定的方法解决索赔事宜，买方将从应支付合同款或从卖方开具的履约保证金中扣回索赔金额，不足部分将继续向卖方追索，必要时将通过法律程序追索。

16 使用合同文件和资料

16.1 未经对方当事人书面同意，合同当事人不得将对方当事人提供的合同条文、规格、计划、图纸、模型、样品或与合同有关的资料泄露给与履行合同无关的第三方。

17　知识产权

17.1　卖方应保证买方不承受由于使用了卖方提供的合同设备的设计、工艺、方案、技术资料、商标、专利等而产生侵权，若有任何侵权行为，卖方必须承担由此产生的一切索赔和责任。

18　变更指令

18.1　根据合同条款的有关规定，买方可以在任何时候向卖方发出书面指令，在本合同范围内变更下列内容中的一项或几项：

（1）专为买方制造的货物的图纸、设计或规格；

（2）货物运输或包装的方法；

（3）交货地点或交货进度；

（4）卖方提供的服务；

（5）货物的原产地。

18.2　如果上述变更使卖方履行合同义务的费用或时间发生变化，卖方可以要求对合同价和/或交货时间或两者同时进行合理的调整，同时修改合同中的相关内容。卖方根据本条进行调整的要求必须在收到买方的变更指令后 30 日内提出。但因卖方自身原因导致的上述变更，卖方无权提出合同价或交货时间的调整。

18.3　如果卖方提出第 18.1 中的变更，必须获得买方同意，如果导致合同价格增加，增加的款项由卖方承担；如果导致合同价格减少，减少的款项由买方扣回。

18.4　发生合同变更时发票的开具与处理条款：

合同变更如涉及增值税专用发票记载项目发生变化的，应当约定作废、重开、补开、红字开具增值税专用发票。如果收票方取得增值税专用发票尚未认证抵扣，收票方应在开票之日起 180 天内退回原发票，则可以由开票方作废原发票，重新开具增值税专用发票；如果原增值税专用发票已经认证抵扣，则由开票方就合同增加的金额补开增值税专用发票，就减少的金额依据收票方提供的红字发票信息表开具红字增值税专用发票。

19　合同的修改

除合同条款第 18 条规定的情况外，合同条款不得变更或修改，除非双方同意并签订书面的补充协议。

20 转让

未经买方书面许可，卖方不得转让其应履行的全部或部分合同义务。

21 分包与外购

21.1 分包必须按合同规定进行，如需变更须经买方事先同意。分包并不解除卖方履行本合同的义务和应承担的责任。分包及外购内容见附件八。

21.2 卖方须按合同规定进行材料或设备部件的采购，如需变更须经买方同意。

21.3 卖方对所有分包设备、部件承担本合同项下的全部责任。分包及外购内容见附件八。

22 卖方履约延误

22.1 卖方应按照合同规定的时间表交货和提供服务。

22.2 在履行合同过程中，如果卖方及其分包人遇到妨碍按时交货和提供服务的情况，应及时以书面形式将延误的事实、原因、预计延误的时间通知买方。买方在收到卖方通知后，将对情况进行评估，确定是否同意延长交货时间以及是否收取误期赔偿费。延期应通过修改合同的方式由双方认可。

22.3 除了合同条款第 23 条的情况外，除非拖延是根据合同条款的规定取得买方同意而不收取误期赔偿费之外，卖方延误交货，买方将按合同条款的规定收取误期赔偿费。

23 误期赔偿和违约赔偿

23.1 除合同条款第 22 条规定的情况外，如果卖方未能按照合同规定的时间交货和提供服务，买方有权从付款中或履约保证金中扣除相应金额用于支付误期赔偿费。每延误 7 日的赔偿费按迟交合同设备价格或未提供服务的服务费用的 0.5%计收，不足 7 日的按 7 日计算，直至交货或提供服务为止。误期赔偿费的最高限额为合同总价的 5%。卖方向买方支付误期赔偿费不能免除其继续提供迟交合同设备和服务的责任和义务。任何一批货物的交付误期超过 28 日的，买方可以终止合同，并且卖方仍有义务支付上述误期赔偿费。

23.2 卖方应严格按照附件的规定提供技术资料。如果卖方不能在规定的时间内提供要求的技术资料，卖方有责任向买方支付每日 5000 元人民币的误期赔偿费。卖方向买方支付误期赔偿费不能免除其继续提供迟交技术资料的责任和义务。

23.3 卖方应保证所提供的合同项下的合同设备满足附件中性能保证值的要求。如果由于卖方的责任，有合同设备不满足附件二规定的性能保证值，卖方应支付违约赔偿金。

（1）质量保证期内的设备可利用率的考核

在5年质保期内，对每台合同设备每个完整年的可利用率进行考核。风电场的年平均可利用率考核指标为：从出具预验收证书之日起的60个月内，投标人需保证风电场第一年平均可利用率≥95%，前两年平均可用率≥97%，前三至五年平均可利用率均≥98%；单台机组前一至五年平均可利用率≥92%。

若卖方在投标文件中承诺的风电场可利用率高于上述标准时，以承诺的可利用率为准。

具体考核方法见合同附件十三。

（2）功率曲线的考核

卖方应提供由权威机构认证的、合同设备的标准功率曲线和风场空气密度下的功率曲线，并保证功率曲线的真实正确。卖方提供的风场空气密度下功率曲线必须能够通过合同附件十四的考核，若达不到合同的要求，将按违约处理，并赔偿买方的损失。具体考核办法和罚则见合同附件十四。

23.4　如因风机机型认证、电网相关认证等问题影响风电场按期投运，卖方需赔偿买方实际电量损失的售电收入。

23.5　买卖双方约定本合同违约金数额最高为合同总价的15%。

23.6　卖方未履行合同、严重违约，发生质量、安全事故或其他重大事件，买方及上级单位可根据内部管理制度将其列入不合格供货商。

24　违约终止合同

24.1　买方对卖方违约而采取的任何补救措施并不影响买方在出现下述情况之一时向卖方发出书面违约通知书提出终止部分或全部合同：

（1）卖方未能在合同规定的期限内或买方根据合同同意延长的期限内提供部分或全部货物。

（2）卖方未能履行合同规定的其他义务。

（3）卖方在本合同的竞争和实施过程中有贿赂、欺诈等不正当行为。前述“贿赂”是指提供、给予、接受或索取任何有价值的物品试图影响买方在采购过程或合同实施过程中的决策或行为；“欺诈”是指为了影响采购过程或合同实施过程而虚假陈述或隐瞒重要事实，损害买方利益的行为。

24.2　如果买方终止了部分或全部合同，买方可以依其认为适当的条件和方法购买与未交合同设备类似的替代的合同设备或服务，卖方应承担买方因购买替代设备或服务而发生的额外费用，并且卖方应继续执行合同中未终止的部分。

24.3 买卖双方当事人任何一方违约，对方当事人都可以要求违约方承担违约责任。

25 不可抗力

25.1 如发生不可抗力事件，受事件影响的一方应在 3 日以内将所发生的不可抗力事件的情况以传真通知另一方，并在 7 日内以邮件特快专递将有关当局出具的证明文件提交给另一方审阅确认。

25.2 如不可抗力事件延续到 60 日以上时，双方应通过友好协商解决合同继续履行的问题。

25.3 发生事件的一方应采取一切合理的措施以减少由于不可抗力所导致的拖期。

25.4 当不可抗力事件终止或事件消除后，受事件影响的一方应尽快以传真通知另一方，并以邮件特快专递证实。

25.5 不可抗力是指自然力或社会动乱的破坏作用，如地震、台风、超标准洪水、战争等，是无法预见也不能采取措施来预防的损坏和破坏。

26 因破产而终止合同

26.1 如果卖方破产或无清偿能力时，买方可在任何时候用书面通知卖方终止合同而不对卖方进行任何补偿。但上述合同的终止并不损坏或影响买方采取或将采取行动或补救措施的任何权利。

27 因买方的便利而终止合同

27.1 任何时候，买方都可以出于自身的便利而向卖方书面通知终止全部或部分合同，终止合同的书面通知应明确该合同终止是出于买方的便利，并明确合同终止的具体内容，以及终止的生效日期。

27.2 对卖方在收到终止通知后 30 日内已完成并准备装运的货物，买方应按合同价格和条款接收。其余货物的采购，买方可以取消并按双方商定的金额向卖方支付部分完成的合同设备和服务以及卖方以前已经采购的材料和部件的费用，或者，买方仅对部分合同设备按照原来的合同价格和条款予以接受。

28 争议的解决

28.1 合同双方在履行合同中发生争议的，友好协商解决。协商不成的，诉讼解决。

28.2 在诉讼期间，除正在进行诉讼的部分外，本合同的其他部分应继续执行。

29　合同语言

本合同语言为中文。

30　适用法律

本合同适用中华人民共和国的法律。

31　通知

31.1　本合同一方当事人发给对方当事人的通知，应采用书面形式送达对方当事人。
31.2　通知书注明生效日期的以通知书记载的日期为生效日期，没有注明生效日期的以通知到达对方当事人的日期为生效日期。

32　税费

32.1　中国政府根据现行税法对买方征收的与本合同有关的一切税费均由买方承担，中国政府根据现行税法对卖方征收的与本合同有关的一切税费均由卖方承担。
32.2　本合同价格为含税价格。卖方提供的设备、技术资料、服务、运输、保险、进口设备/部件等所有税费（含进口环节税费）已经全部包含在合同价格内，由卖方承担。
33.3　增值税专用发票

（1）卖方应按照结算款项金额向买方提供符合税务规定的增值税专用发票，买方在收到卖方提供的合格增值税专用发票后支付款项。

（2）卖方应确保增值税专用发票真实、规范、合法，如卖方虚开或提供不合格的增值税专用发票，造成买方经济损失的，卖方承担全部赔偿责任，并重新向买方开具符合规定的增值税专用发票。

（3）合同变更如涉及增值税专用发票记载项目发生变化的，应当约定作废、重开、补开、红字开具增值税专用发票。如果收票方取得增值税专用发票尚未认证抵扣，收票方应在开票之日起180天内退回原发票，则可以由开票方作废原发票，重新开具增值税专用发票；如果原增值税专用发票已经认证抵扣，则由开票方就合同增加的金额补开增值税专用发票，就减少的金额依据收票方提供的红字发票信息表开具红字增值税专用发票。

33　履约担保

33.1　卖方应在合同签订后30日内，向买方提交总额为合同总价百分之五（5%）的履约保证金。

33.2　履约担保用于补偿买方因卖方未完成其合同义务而蒙受的损失。

33.3　履约保证金款项采用人民币，可以是买方接受的在中华人民共和国注册和营业的银行采用招标文件提供的格式或买方接受的其他格式出具的银行保函、银行汇票、保兑支票或现金。

33.4　在卖方全面履行合同，签发预验收证书后 30 日内，买方将退还履约担保。

33.5　防止贿赂

合同双方应严格遵守双方签署的廉洁协议，杜绝贿赂，维护建筑市场的正常秩序。

34　合同生效及其他

34.1　本合同在双方法定代理人或者委托代理人签字、盖章，且买方收到卖方提交的履约担保后生效。

34.2　本合同用中文书写，正本两份，买方、卖方各执一份；副本八份，买方五份，卖方三份。

34.3　法定地址

买方：____________________卖方：____________________

地址：____________________地址：____________________

传真：____________________传真：____________________

电话：____________________电话：____________________

附件一：供货范围及价格表

根据第八章“投标文件格式”中文件五“投标报价表”的内容编制。

附件二：设备特性和性能保证值

根据第八章“投标文件格式”中的文件六“技术方案”的附件一内容编制。

附件三：交货批次及进度要求

1. 交货说明

（1）为便于货物在工地的储藏保管，所有的货物交货不得迟于规定的交货日期，也不得超过早于规定的交货日期15天，除非通过买方批准。

（2）如需要调整某批次供货时间，买方应提前1个月通知该批次具体交货日期。

（3）买方根据工程进度有权将交货进度提前，卖方应按照要求提交供货进度表。

2. 交货批次及时间

根据第八章“投标文件格式”中文件六“技术方案”的附件五内容编制。

序号	名称	型号规格	单位	数量	交货时间	交货地点
一	第一批					
二	第二批					
……	……					

附件四：质保期运行维护方案

根据第八章“投标文件格式”中文件六“技术方案”的附件七内容编制。

附件五：技术服务与联络

根据第八章“投标文件格式”中文件六“技术方案”的附件二、附件六的内容进行编制。

附件六：监造、检验和验收标准

根据第八章“投标文件格式”中文件六“技术方案”的附件四的内容进行编制。

附件七：合同设备描述概要表

序号	名称	主要技术规范	数量	包装	每件尺寸（cm^3）（长×宽×高）	每件重量（t）	总重量（t）	交货时间
1								
2								
3								
4								
5								
6								
7								
8								
……								

附件八：分包或外购部件清单及采购进度计划

按照第八章“投标文件格式”中文件八的内容进行填写。

序号	分包或外购单位	分包或外购部件	到货时间
1			
2			
3			
……			

附件九：招标人关心的材料部件清单

序号	外购部件、材料	外购部件、材料规格及型号	原产地	供货公司名称
1				
2				
3				
……				

附件十：履约保函格式

履约保函

致：（受益人）

鉴于：本保函的申请人（以下简称“申请人”）与贵方于______年______月______日签订了编号为______的《　　　　》（或申请人收到项目的《中标通知书》，即将与贵方签订）（以下简称“基础合同”）。

为了保证申请人充分履行其在基础合同项下的义务，应申请人的申请和指示，我行，即__________（以下简称“本行”），兹出具以贵方为受益人的本履约保函，其性质为见索即付的独立保函，适用国际商会《见索即付保函统一规则》。本行于此无条件地、不可撤销地保证本行向贵方承担偿付总额最高不超过人民币（大写）________（￥________）（此数额即为本保函的担保限额）的担保责任，并约定如下：

一、本行无条件且不可撤销地承诺：一旦贵方向本行提交符合下列条件的索偿通知，本行将在收到该索偿通知后______个银行工作日内无条件地将贵方索偿的款项一次性付往贵方在该索偿通知中指定的贵方账户。（1）贵方在索偿通知中声明申请人未能完全适当地履行基础合同项下的义务及/或责任，并引述申请人所违反的基础合同条款原文；（2）索偿通知由贵方以书面信函（须注明做成日期并加盖贵方公章）方式出具，注明基础合同的编号（如有）和名称及本保函的编号。

二、索偿通知应在本保函的有效期内送达本行。索偿款项应以人民币计算并表示为确定不变的数额。在本保函的有效期内及担保限额内，贵方可以一次或分多次提出索偿，但贵方提出索偿的累计金额不得超过本保函的担保限额。本保函的担保限额根据本行向贵方履行的偿付金额而自动递减。

三、本保函项下已签订基础合同的，自开立之日起生效（即将签订基础合同的，自签订基础合同之日起生效），至______年______月______日（该日为非银行营业日时则以该日之前的最后一个银行营业日为准）本行对公营业时间结束时或正本退回我行之日（以两者之较早的日期为准）有效期届满。在有效期届满时本保函即自动失效，对本行不再具有任何约束力。

四、本保函的效力以及本行在本保函项下对贵方承担的义务和责任是完全独立的，并不取决于任何交易、合同/协议、承诺（包括但不限于基础合同）的存在或有效性，也不取决于本保函中未列明的任何条款或条件，并且不受对基础合同及/或贵方与申请人之间的任何协议所做的任何变更、补充、终止或提前/延迟终止的影响。

五、本保函项下的任何权利、利益和收益均不得转让，也不得转移。

备注：卖方在获得买方书面同意后，可采用银行提供的保函格式，其主要内容须与本保函内容原则一致，且必须保证保函为无条件的、不可撤销的保函。

保函开立银行：（盖单位章）

法定代表人/主要负责人
（或其委托代理人）：（签字）

保函开立日期：　　年　　月　　日

附件十一：预付款保函格式

预付款保函

致：（受益人）

鉴于：本保函的申请人（以下简称“申请人”）与贵方于______年______月______日签订了编号为______的《　　　》（以下简称“基础合同”）。根据基础合同约定的条件，贵方将在收到向贵方出具的银行保函后向申请人预付相当于合同总价之______%的款项，人民币（大写）__________（¥__________）（即预付款）。

为了保证申请人按照基础合同约定使用预付款，应申请人的申请和指示，我行，即__________（以下简称“本行”），兹出具以贵方为受益人的本预付款保函，其性质为见索即付的独立保函，适用国际商会《见索即付保函统一规则》。本行于此无条件地、不可撤销地保证本行向贵方承担偿付总额最高不超过人民币（大写）__________（¥__________）（此数额即为本保函的担保限额）的担保责任，并约定如下：

一、本行无条件且不可撤销地承诺：一旦贵方向本行提交符合下列条件的索偿通知，本行将在收到该索偿通知后______个银行工作日内无条件地将贵方索偿的款项一次性付往贵方在该索偿通知中指定的贵方账户：（1）贵方在索偿通知中声明申请人未按照基础合同约定使用预付款，也未退回预付款；（2）索偿通知由贵方以书面信函（须注明做成日期并加盖贵方公章）方式出具，注明基础合同的编号（如有）和名称及本保函的编号。

二、索偿通知应在本保函的有效期内送达本行。索偿款项应以人民币计算并表示为确定不变的数额。在本保函的有效期内及担保限额内，贵方可以一次或分多次提出索偿，但贵方提出索偿的累计金额不得超过本保函的担保限额。本保函的担保限额根据本行向贵方履行的偿付金额而自动递减。

三、本保函自贵方将预付款支付给申请人之日起生效，至______年______月______日（该日为非银行营业日时则以该日之前的最后一个银行营业日为准）本行对公营业时间结束时或正本退回我行之日（以两者之较早的日期为准）有效期届满。在有效期届满时本保函即自动失效，对本行不再具有任何约束力。

四、本保函的效力以及本行在本保函项下对贵方承担的义务和责任是完全独立的，并不取决于任何交易、合同/协议、承诺（包括但不限于基础合同）的存在或有效性，也不取决于本保函中未列明的任何条款或条件，并且不受对基础合同及/或贵方与申请人之间的任何协议所做的任何变更、补充、终止或提前/延迟终止的影响。

五、本保函项下的任何权利、利益和收益均不得转让，也不得转移。

备注：卖方在获得买方书面同意后，可采用银行提供的保函格式，其主要内容须与本保函内容原则一致，且必须保证保函为无条件的、不可撤销的保函。

保函开立银行：（盖单位章）

法定代表人/主要负责人
（或其委托代理人）：（签字）

保函开立日期：　　年　　月　　日

附件十二：质量保函格式

质量保函

致：（受益人）

鉴于：本保函的申请人（以下简称“申请人”）与贵方于______年______月______日签订了编号为______的《　　　》（以下简称“基础合同”）。为了保证申请人充分履行其在基础合同项下的质量保证义务，应申请人的申请和指示，我行，即______（以下简称“本行”），兹出具以贵方为受益人的本履约保函，其性质为见索即付的独立保函，适用国际商会《见索即付保函统一规则》。本行于此无条件地、不可撤销地保证本行向贵方承担偿付总额最高不超过人民币（大写）__________（¥__________）（此数额即为本保函的担保限额）的担保责任，并约定如下：

一、本行无条件且不可撤销地承诺：一旦贵方向本行提交符合下列条件的索偿通知，本行将在收到该索偿通知后______个银行工作日内无条件地将贵方索偿的款项一次性付往贵方在该索偿通知中指定的贵方账户：（1）贵方在索偿通知中声明申请人未能履行或者承担合同质量保证期内的任何义务或任何责任，并引述申请人所违反的基础合同条款原文；（2）索偿通知由贵方以书面信函（须注明做成日期并加盖贵方公章）方式出具，注明基础合同的编号（如有）和名称及本保函的编号。

二、索偿通知应在本保函的有效期内送达本行。索偿款项应以人民币计算并表示为确定不变的数额。在本保函的有效期内及担保限额内，贵方可以一次或分多次提出索偿，但贵方提出索偿的累计金额不得超过本保函的担保限额。本保函的担保限额根据本行向贵方履行的偿付金额而自动递减。

三、本保函自开立之日起生效，至______年______月______日（该日为非银行营业日时则以该日之前的最后一个银行营业日为准）本行对公营业时间结束时或正本退回我行之日（以两者之较早的日期为准）有效期届满。在有效期届满时本保函即自动失效，对本行不再具有任何约束力。

四、本保函的效力以及本行在本保函项下对贵方承担的义务和责任是完全独立的，并不取决于任何交易、合同/协议、承诺（包括但不限于基础合同）的存在或有效性，也不取决于本保函中未列明的任何条款或条件，并且不受对基础合同及/或贵方与申请人之间的任何协议所做的任何变更、补充、终止或提前/延迟终止的影响。

五、本保函项下的任何权利、利益和收益均不得转让，也不得转移。

保函开立银行：（盖单位章）

法定代表人/主要负责人
（或其委托代理人）：（签字）

保函开立日期：　　年　　月　　日

附件十三：风机可利用率计算及考核办法

卖方保证设备质量保证期内风电场第一年平均可利用率≥95%，前两年平均可用率≥97%，前三至五年平均可利用率均≥98%；单台机组前一至五年平均可利用率≥92%。买方将对卖方设备平均可利用率进行考核，考核办法如下所述。

1. 考核指标的确定

卖方在投标文件中提供的平均可利用率保证值将作为可利用率的考核值。

2. 完成指标的确定

单台机组年可利用率＝（1－A/8760）×100%，其中 A 表示故障停机小时数（需买方运行人员审核确认）。故障停机小时数 A 不包括以下情况：

（1）电网故障（电网参数在技术规范范围之外）；

（2）气象条件（包括风况和环境温度）超出技术规范规定的运行范围；

（3）不可抗力。

以上情况如有两种或者两种以上同时发生，只计其中较长一种情况。

风电场年平均可利用率＝（单台机组年可利用率 1＋单台机组年可利用率 2＋…单台机组年可利用率 n）/n，其中单台机组年可利用率 1、单台机组年可利用率 2…单台机组年可利用率 n 表示风电场每台风机各自的单台机组年可利用率。

单台机组多年平均可利用率＝（单台机组第 1 年年可利用率＋单台机组第 2 年年可利用率＋…单台机组第 n 年年可利用率）/n。

风电场多年平均可利用率＝（风电场第 1 年年可利用率＋风电场第 2 年年可利用率＋…风电场第 n 年年可利用率）/n。

3. 平均可利用率考核的罚则

风力发电机组进入质保期后，买方将按照以上标准和计算方法对卖方提供的风力发电机组可利用率进行考核。若考核不合格，卖方应赔偿买方同期发电量损失，并延长机组质保期或更换机组。若风电场第一年平均可利用率不达标，延长质保期 1 年；前两年平均可用率不达标，延长质保期 2 年；前三至五年平均可利用率均不达标，延长质保期 3～5 年；单台机组前一至五年平均可利用率不达标，延长该机组质保期 5 年或更换该机组。

附件十四：风机功率曲线测量及考核办法

买方有权对卖方投标的风电机组进行功率曲线测量，并依据测量结果作为考核依据，具体测量及考核办法如下：

1. 定义

独立测量公司：是指具有功率曲线测量资质的第三方独立机构。独立测量公司限定于以下三家：北京鉴衡认证中心、中国电力科学研究院、上海天祥质量技术服务有限公司（Intertek），经买卖双方同意，从以上三家选择其一。

测量方法：以“IEC61400－12－2：2013”Power performance of electricity-producing wind turbines based on nacelle anemometry（基于机舱测风法的风电机组功率特性测试）的方法作为参考依据，并根据项目情况进行适当调整，具体见第三节。

机舱传输函数：Nacelle Transfer Factor（NTF），是指自由流风速与机舱风速之间的函数关系，用来校正叶轮气流扰动对机舱风速的影响。

测量报告：由独立测量公司按照测量方法对风电机组进行功率曲线的测量，并出具测量报告。包括测量数据、原始数据、文档、报告及文件等。

保证功率曲线：卖方投标文件中的风电机组的功率曲线。

实测功率曲线：独立测量公司在测量报告中给出的功率曲线。

2. 测量开始与结束

风电场整体投产满 6 个月后，买方可以进行功率曲线的测量。

买方委托独立测量公司进行功率曲线的测量并承担费用，独立测量公司需经买卖双方共同认可。

功率曲线的测量开始前 15 天，买方应书面通知卖方；功率曲线的测量完成后 15 天，买方应提供测量报告复印件给卖方。

测量数据满足“IEC 61400－12－2：2013”的相关要求后，现场测量过程结束，由独立测量公司编制测量报告。

3. 测量方法

以“IEC 61400－12－2：2013”的方法作为参考依据，并进行适当调整。

1）数据来源

输出功率：采用卖方提供的 SCADA 系统中净功率数据。

机舱风速：采用卖方提供的 SCADA 系统中机舱风速计的风速数据。

机舱风向：采用卖方提供的 SCADA 系统中机舱风向标的风向数据。

温度气压：采用现场测风设备附带的温度计、气压计测量数据。

开始测量前，风机机舱风速计的标定和 SCADA 系统数据需经第三方审核或三方认可。第三方对以上功率、风速风向、温度气压等测量装置进行检查，标定失效应进行更换，标定有效后方可采用。

其他：叶轮转速、变桨角度、机组状态、故障信息等均采用卖方提供的 SCADA 系统中的数据。

2）机舱传输函数（NTF，Nacelle Transfer Factor）的测量

以“IEC61400－12－2：2013 Annex D（附件 D）”的方法作为参考依据，并选择一台买卖双方认可的有代表性的风电机组（样板机）进行测量。

鉴于新的 IEC 标准草案（IEC61400－12－1：2013 CDV）已认可激光测风雷达测量功率曲线，本方案据此采用激光测风雷达代替测风塔测量自由流风速。激光测风雷达应采用国际知名厂商产品，并取得国际认可的标定证书。

激光测风雷达的测量位置、测量扇区的选择应满足“IEC61400－12－2：2013 Annex D（附件 D）”的相关要求。

以“IEC61400－12－2：2013 Annex D（附件 D）”的方法作为参考依据，对测量场地进行评估。对于地形条件复杂的山地风场，需要进行场地标定的，以“IEC61400－12－1：2005 Annex C（附件 C）”作为参考依据，于风电机组安装前采用激光测风雷达代替测风塔，对原定测量位置和风机位置进行同期测风，获得气流校正系数（flow correction factor）。

以“IEC61400－12－2：2013 Annex D（附件 D）”方法作为参考依据，对激光雷达测得的自由流风速及机舱风速计测得的风速进行分析和处理，得到机舱传输函数。

测量得到机舱传输函数后，以“IEC61400－12－2：2013 Annex C（附件 C）”的方法作为参考依据，对风场内各台风电机组的机舱风速及风向计型号、位置，机组硬件配置，控制软件版本、控制参数等进行比对。当风场内各台风电机组与进行测量的风电机组条件均相同时，样机机舱传输函数可以应用于风场内所有风电机组。

3）功率曲线的测量

以“IEC 61400－12－2：2013”的方法作为参考依据，采用已获得的机舱传输函数，对场内各台风电机组的机舱风速进行校正得到自由流风速。对测得的风速、功率等数据进行分析和处理，以 0.5m/s 区间统计平均风速和平均功率，得到各台风电机组的实测功率曲线。

4）不确定性

不确定性分析是场地标定工作的重要组成部分，须至少包含表 4－1 列举的不确定性分量。

表4-1 风场校准的不确定性分量

测量参数	不确定性分量
电功率	电流互感器 电压互感器 功率变送器或功率测量装置数据采集系统 电功率波动
风速	风速仪标定 运行特性 激光雷达测风仪受到的影响 数据采集系统 地形对风流的干扰
空气温度	温度传感器 辐射屏蔽 安装效应 数据采集系统
空气压力	压力传感器 安装效应 数据采集系统
数据采集系统	信号传输 系统精度 信号调节

5）其他

（1）风频分布采用SCADA系统中机舱风速计风速经机舱传输函数校正得到的自由流风速，按照0.5m/s区间进行统计（区间划分方式参照“IEC61400-12-2：2013”进行）。

（2）若卖方投标文件没有提供风电场实际空气密度下的功率曲线，则以“IEC61400-12-2：2013”的方法为参考依据，对卖方投标文件的标准空气密度下的功率曲线折算到实测空气密度下的功率曲线。

（3）对采集数据进行筛选，确定风电机组的机舱传输函数，分析计算数据得到实测功率曲线并对不确定性进行分析，最终形成分析报告。

4. 考核方法

1）考核值的计算公式

采用第三方独立机构出具的测量报告中的实测功率曲线为依据，并结合现场风频分布值换算的发电量来评估。功率曲线考核值的计算公式如下：

单台风机 i 年发电量保证值 EP_i=风频分布值 i×8760×保证功率曲线 i

全场年发电量保证值：$EP = \sum_{i=1}^{n}(\text{风频分布值 } i \times 8760 \times \text{保证功率曲线})EP_i$

单台风机 i 实际年发电量完成值 EM_i＝风频分布值 i×8760×实测功率曲线 i

$$全场实际年发电量完成值：EM = \sum_{i=1}^{n}（风频分布值\ i \times 8760 \times 保证功率曲线）EM_i$$

$$单台风机\ i\ 功率曲线考核值\ K_i = EM_i / EP_i \times 100\%$$

$$全场功率曲线考核值\ K = EM/EP \times 100\%$$

其中：i 为风电机组的编号；n 为风场内已获得实测功率曲线的风电机组的数量；风频分布值按第三节定义，且统计期应满一年；保证功率曲线 i 是指卖方投标文件中的风电机组的功率曲线；实测功率曲线 i 是指独立测量公司在测量报告中给出的功率曲线。

对于需要进行不同空气密度下的机组功率曲线折算参考以下方法。

对于采用失速控制的、具有恒定桨距和转速的机组，其所测得的功率输出数据可以利用公式计算：

$$P_n = P_{10\min} \cdot \frac{\rho_0}{\rho_{10\min}}$$

式中：P_n——折算后的功率输出；$P_{10\min}$——测得的 10 分钟的平均功率值；ρ_0——标准空气密度；$\rho_{10\min}$——所得到的 10 分钟的平均空气密度（风电场测量值）。

对于功率自动控制的风力发电机组应采用折算后的风速数据，则公式如下：

$$V_n = V_{10\min}\left(\frac{\rho_{10\min}}{\rho_0}\right)^{1/3}$$

式中：V_n——折算后的风速值；$V_{10\min}$——测得的 10 分钟的平均风速值；ρ_0——标准空气密度；$\rho_{10\min}$—所得到的 10 分钟的平均空气密度（风电场测量值）。

2）考核办法

（1）若按上述公式计算出风电场的全场功率曲线考核值 K 大于或等于 95%，则视为卖方功率曲线考核合格；若风电场的全场功率曲线考核值 K 小于 95%，则视为卖方功率曲线考核不合格。

（2）如果测量报告表明功率曲线考核合格，则卖方不承担功率曲线考核不合格的违约金，但如果单台风机功率曲线考核值 K_i 小于 92%，则卖方应对相应机组进行修正、改进、调整、更换零件并维修以提高风电机组的性能，质保期重新计算。若卖方拒不整改或整改后无效果，则买方将从合同约定的质量保证金中扣除此台风机相应的质量保证金。如果功率曲线不合格，则卖方在收到测量报告复印件之后 6 个月内，可以对风电机组进行修正、改进、调整、更换零件并维修以提高风电机组的性能，并委托上述三家独立测量公司进行功率曲线的重新测量并承担费用，质保期重新计算。

（3）如果重新测量结果表明功率曲线考核合格，则不再进行其他测量，卖方不承担罚则；如果重新测量结果表明功率曲线考核不合格，则卖方应在风电机组质保期结束后 1 个月内按照考核罚则赔偿买方的损失。买方将从合同约定的质量保证金中扣除功率曲线考核不合格的违约金，质量保证金扣完亦不能免除买方向卖方追索发电量损失的权利。违约金的计算公式见下节。

3）违约金计算公式

功率曲线违约金以风场质保期内实际上网电量为依据，并结合功率曲线考核值来评估。功率曲线违约金的计算公式如下：

功率曲线的违约金＝风场质保期内实际上网电量×（95％－全场功率曲线考核值 K）×不含税上网电价 P×（1＋剩余寿命期违约金的折现系数 R）

其中：风场质保期内实际上网电量是指风场内所有已获得实测功率曲线的风电机组在质保期内的总上网电量，以升压站关口表计量为准；不含税上网电价 P 对于本风场为 0.521 元/度（根据风电场实际税后电价执行）；剩余寿命期违约金的折现系数 R 对于本风场为 1.82（按社会折现率＝7％考虑得到）。

5. 其他

根据本办法的测试数据和分析，独立测量公司出具相应的风机功率曲线验证报告。此报告作为依据，用来考核评估整个寿命周期内风机功率曲线及发电量指标。

如投标人对本评估考核方案有异议，可由投标人提出备选方案或修改建议，经招标人认可后采纳。如招标人不采纳，视为投标人不响应招标文件。

附件十五：廉洁协议

廉洁协议

甲方（发包人）：________________

乙方（承包人）：________________

为了防范和控制________________________合同（合同编号：________________）商订及履行过程中的廉洁风险，维护正常的市场秩序和双方的合法权益，根据反腐倡廉相关规定，经双方商议，特签订本协议。

一、甲乙双方责任

1. 严格遵守国家的法律法规和廉洁从业有关规定。

2. 坚持公开、公正、诚信、透明的原则（国家秘密、商业秘密和合同文件另有规定的除外），不得损害国家、集体和双方的正当利益。

3. 定期开展党风廉政宣传教育活动，提高从业人员的廉洁意识。

4. 规范招标及采购管理，加强廉洁风险防范。

5. 开展多种形式的监督检查。

6. 发生涉及本项目的不廉洁问题，及时按规定向双方纪检监察部门或司法机关举报或通报，并积极配合查处。

二、甲方人员义务

1. 不得索取或接受乙方提供的利益和方便。

（1）不得索取或接受乙方的礼品、礼金、有价证券、支付凭证和商业预付卡等（以下简称礼品礼金）。

（2）不得参加乙方安排的宴请和娱乐活动；不得接受乙方提供的通信工具、交通工具及其他服务。

（3）不得在个人住房装修、婚丧嫁娶、配偶、子女和其他亲属就业、旅游等事宜中索取或接受乙方提供的利益和便利；不得在乙方报销任何应由甲方负担或支付的费用。

2. 不得利用职权从事各种有偿中介活动，不得营私舞弊。

3. 甲方人员的配偶、子女、近亲属不得从事与甲方项目有关的物资供应、工程分包、劳务等经济活动。

4. 不得违反规定向乙方推荐分包商或供应商。

5. 不得有其他不廉洁行为。

三、乙方人员义务

1. 不得以任何形式向甲方及相关人员输送利益和方便。

（1）不得向甲方及相关人员行贿或馈赠礼品礼金。

（2）不得向甲方及相关人员提供宴请和娱乐活动；不得为其购置或提供通信工具、交通工具及其他服务。

（3）不得为甲方及相关人员在住房装修，婚丧嫁娶，配偶、子女和其他亲属就业，旅游等事宜中提供利益和便利；不得以任何名义报销应由甲方及相关人员负担或支付的费用。

2. 不得有其他不廉洁行为。

3. 积极支持配合甲方调查问题，不得隐瞒、袒护甲方及相关人员的不廉洁问题。

四、责任追究

1. 按照国家、上级机关和甲乙双方的有关制度和规定，以甲方为主、乙方配合，追究涉及本项目的不廉洁问题。

2. 建立廉洁违约罚金制度。廉洁违约罚金的额度为合同总额的1%（不超过50万元）。如违反本协议，根据情节、损失和后果按以下规定在合同支付款中进行扣减。

（1）造成直接损失或不良后果，情节较轻的，扣除10%～40%廉洁违约罚金；

（2）情节较重的，扣除50%廉洁违约罚金；

（3）情节严重的，扣除100%廉洁违约罚金。

3. 廉洁违约罚金的扣减，由合同管理单位根据纪检监察部门的处罚意见，与合同进度款的结算同步进行。

4. 对积极配合甲方调查，并确有立功表现或从轻、减轻违纪违规情节的，可根据相关规定履行审批手续后酌情减免处罚。

5. 上述处罚的同时，甲方可按照中国三峡集团有关规定另行给予乙方暂停合同履行、降低信用评级、禁止参加甲方其他项目等处理。

6. 甲方违反本协议，影响乙方履行合同并造成损失的，甲方应承担赔偿责任。

五、监督执行

1. 本协议作为项目合同的附件，由甲乙双方纪检监察部门联合监督执行。

2. 甲方举报电话：____________________；乙方举报电话：____________________。

六、其他

1. 因执行本协议所发生的有关争议，适用主合同争议解决条款。

2. 本协议作为____________________合同的附件，一式四份，双方各执两份。

3. 双方法定代表人或授权代表在此签字并加盖公章，签字并盖章之日起本协议生效。

甲方：（盖章）	乙方：（盖章）
法定代表人（或授权代表）：	法定代表人（或授权代表）：

附件十六：卖方须遵守的中国长江三峡集团有限公司有关管理制度

卖方应该本着诚实信用的原则履行合同，并遵守以下中国长江三峡集团有限公司有关管理制度：

1）

2）……

附件十七：合同协议书

合同协议书

合同号：

日期：

________________（以下简称“买方”）为一方和________________公司（以下简称“卖方”）为另一方同意按下述条款签署本合同（以下简称“合同”）：

1. 合同文件

下述文件组成本合同不可分割的部分，合同中的词语和术语的含义与合同条款中的定义相同：

1）合同书及附件（含评标和合同签订期间的澄清文件，如果有）。

2）合同条款。

3）合同技术规范。

4）合同条款附件。

（1）供货范围及价格表

（2）设备特性和性能保证值

（3）交货批次及进度要求

（4）质保期运行维护方案

（5）技术服务与联络

（6）监造、检验和验收标准

（7）合同设备描述概要表

（8）分包或外购部件清单及采购进度计划

（9）招标人关心的材料部件清单

（10）履约保函

（11）预付款保函

（12）质量保函

（13）风机可利用率计算及考核办法

（14）风机功率曲线测量及考核办法

（15）廉洁协议

（16）卖方须遵守的中国长江三峡集团有限公司有关管理制度

5）中标通知书。

6）招标文件。

7）投标文件。

8）组成合同的其他文件。

上述文件应认为是互为补充和解释的，但如有模棱两可或互相矛盾处，以上面所列顺序在前的为准，当顺序相同时以时间在后的为准。

2. 合同范围和条件

本合同范围和条件应与上述规定的合同文件一致。

3. 合同设备和数量

本合同项下所供合同设备和数量详见附件一和附件七及招标文件。

4. 合同金额

合同总金额为￥＿＿＿＿＿＿＿＿（大写：＿＿＿＿＿＿＿＿）。其分项价格详见附件一。

5. 合同设备的支付条件、交货时间和交货地点以及合同生效等详见合同文件。

6. 本合同用中文书写，正本两份，买方、卖方各执一份；副本八份，买方五份，卖方三份。

7. 本合同附件一至附件十六为本合同不可分割的组成部分，与合同正文具有同等效力。

8. 双方任何一方未取得另一方同意前，不得将本合同项下的任何权利和义务转让给第三方。

买方（甲方）（盖章）：

法定代表人或委托代理人（签字）：

纳税人信息：

单位名称：

纳税人识别号：

地址：

电话：

开户行名称：

账户：

邮编：

联系人：

电话：

传真：

E-mail：

签约地点：

签订日期：______年______月______日

卖方（乙方）（盖章）：

法定代表人或委托代理人（签字）：

纳税人信息：

单位名称：

纳税人识别号：

地址：

电话：

开户行名称：

账户：

邮编：

联系人：

电话：

传真：

E-mail：

签约地点：

签订日期：______年______月______日

第五章　设备采购清单

1　清单说明

本设备清单应与招标文件中的投标人须知、合同条款、技术标准和要求及图纸等一起阅读和理解。

2　投标报价说明

投标人应按本招标文件规定和本清单的内容及格式要求，结合本招标文件所有条款及条件的要求，完整填写报价表中各项目的工地交货单价、工地交货合价、小计、合计等所有要求填写的内容。凡未填写单价和合价的项目，则认为完成该项目所需一切费用（包括全部成本、合理利润、税费及风险等）均已包含在报价表的有关项目单价、合价及总报价中。

按本招标文件的规定，投标人的总报价应包括投标人中标后为提供所有合同设备、技术文件和服务及全面履行合同规定的责任和义务所需发生的全部费用，包括设计、制造及所需材料和部件的采购、成套、工厂检验、包装、保管、运输及保险、交货、工地开箱检验、技术文件、设计联络会、工厂见证、出厂验收、工厂培训、质量保证、技术服务、协调、配合项目主管部门主持的工程专项验收、竣工验收等费用，并包括除合同另有规定以外的应由卖方承担的一切风险（包括物价和汇率等的变化）所需全部费用。

投标人应将所有报价表文字说明附在报价表中一并提交。

对于报价表中单位为“套”的设备、专用工器具、备品备件或部件等，应对每套中所包含的所有组成部分分项列出，并报出各分项所对应的价格。

本项目适用一般计税方法，增值税税率为16%；投标人应按照“价税分离”方式进行报价；投标人应按照国家有关法律、法规和“营改增”政策的相关规定计取、缴纳税费，应缴纳的税费均包括在报价中；含增值税价格作为投标人评标价。

3 其他说明

4 设备采购清单及报价汇总表

表 5-1 设备采购清单及报价汇总表

序号	名称	规格和型号	单位	数量	质量标准	工地交货单价（元）	工地交货合价（元）	备注
1	机组设备费							
1.1	风力发电机组设备							
1.1.1								
……	……							
1.2	监控系统（含 OPC 及配套设备和附件等）							
1.3	风电场有功、无功控制系统							
1.4	备品备件							
1.4.1								
……	……							
1.5	安装、运行、检修专用工具（含吊具）							
1.5.1								
……	……							
1.6	消耗品							
1.6.1								
……	……							
2	其他							
2.1	买方人员在卖方工作时的卖方配合费							
2.2	技术服务费							
2.3	五年质保期运行维护费用							
合计								

注：投标人要确认此范围并提供细化清单。

第六章　图　　纸

交通运输、地形图，风资源数据等（如有）。

第七章　技术标准和要求

说明：本规格书中带“＊”号的技术条款（参数）是重要内容，不满足任何一条带“＊”号的技术条款（参数），将导致投标文件被否决！

1　总则

1.1　本技术规范提出了风力发电设备的供货范围、设备的技术规格、遵循的技术标准以及其他方面的内容，适用于项目风电机组采购。投标人提供设备的技术规格须响应本技术规范所提出的技术规定和要求。

1.2　招标人在本规范中提出的是最低限度的技术要求，并未规定所有的技术要求和适用的标准，投标人应提供满足本规范书所列标准的高质量、最新工业标准的产品，以及相应的现场技术服务。对国家有关安全、环保等强制性标准，必须满足要求。

*1.3　投标人如未对本规范书提出书面偏差，将认为投标人提出的设备符合规范和标准的要求。偏差（无论多少）都必须清楚地表示在投标文件中的文件六“技术偏差表”中。

1.4　投标人执行的标准与本规范所列标准有矛盾时，按较高标准执行。

1.5　合同签订后20天内，投标人提出合同设备的设计、制造、检验/试验、装配、安装、调试、试运行、验收、运行和维护等采用的标准目录给招标人，由招标人确认。

1.6　本规范书要求投标人提供的文件和资料为中文版本。

2　工程概述

2.1　地理位置

2.2　交通条件

2.3　工程地质条件

2.4　气象要素

2.5　风电场风力资源

2.6　风场实测数据收集整理

2.7　风场实测数据计算分析

2.8 风能资源评价结论

2.9 本章附图

2.10 其他

2.1～2.9各项目根据工程实际情况，参照可研和设计文件编写。

3 供货范围及交货进度

投标人提供单机容量______ MW的全新制造、技术先进、性能稳定、安全可靠、包装完整的成套并网型风力发电机组，并提供5年的质保期服务。

3.1 供货范围

卖方应按合同要求完成各项目的设计、制造、试验、包装、发运及交货、现场开箱检查、指导安装调试、现场试验、试运行、验收、技术文件的编制和提交、运行人员的培训及质保期内的维修和保养。采购范围包括风力发电机组设备、相关服务、专用工具、备品备件及易耗品等。

风力发电机组：内容包括整套风力发电机组（含机舱与塔筒连接螺栓、塔筒内的主控柜和机组与主控柜之间的电线、电缆、光缆、尾纤及尾纤盒、桥架等）。

供货范围界定：

（1）电气一次：卖方负责提供机舱至塔基电源柜出线侧（塔基电源柜包括辅助变压器、高压侧进线母排、辅变进线开关、配电开关及其内部接线、电源柜和电缆线鼻子的连接螺栓）。卖方提供塔基电源柜至箱变之间电缆的型号和技术要求，该电缆由买方另行采购。

（2）电气二次：卖方负责提供机舱至现地控制柜出线侧（包括现地控制柜）。卖方提供现地控制柜至变电站之间光缆的型号和技术要求，由买方另行采购。现地控制柜的位置也要说明，以便投资人在投资测算中计算。塔筒内安装的光缆接线盒（盘纤盒）等预留安装位置和安装螺栓。其中，风机通信拓扑图由风机设备卖方设计，经买方委托的工程设计单位确认后实施。

（3）卖方应负责提供一套中央监控系统（包括计算机、打印机、软件及全部光缆接口和光缆接头等设备）和两套远程监测系统，但不包括风电机组与风电机组之间、风电机组与中央监控系统之间的连接通信光缆。

（4）防雷接地：卖方应负责提供风电机组的防雷接地装置，在塔筒底部应预留接地端子。风电机组基础接地由买方负责。

（5）风电机组本身连接紧固件：卖方负责提供叶片与轮毂、轮毂与机舱、机舱与塔筒顶法兰的连接件等，但塔筒与塔筒之间、塔筒与基础之间紧固件除外。

供货范围包括（但不限于）以下内容：

3.1.1 风电机组部分

（1）机舱（包括机舱罩、底架、整流罩等）。

（2）传动部分：轮毂（含变桨机构）、主轴、主轴承、连接轴、齿轮箱（如果有）。

（3）偏航系统。

（4）变桨系统及风速风向采集系统。

（5）刹车系统。

（6）发电机。

（7）发电机出口断路器。

（8）变频器（变流器）。

（9）叶片。

（10）液压系统。

（11）主控柜。

（12）防雷保护装置。

（13）电源柜。

（14）控制系统。

（15）塔内助爬器。

（16）智能消防系统。

（17）状态监测系统。

（18）塔筒门禁系统。

（19）航空标识灯。

（20）逃生包。

（21）风电机组本身连接紧固件（包括叶片与轮毂、轮毂与机舱、机舱与塔筒顶法兰的连接件等，但塔筒与塔筒之间、塔筒与基础之间紧固件除外）；风机安装过程中所需的二硫化钼、密封胶等一次性用品；风电机组控制器以及与风电机组内部设备之间的连接电缆和光缆及全部附件等。

（22）塔筒内动力电缆、通信电缆、塔筒内光缆、控制电缆及其附件等（注：电缆、光缆中间不应有接头）。

卖方提供的设备如果需要现场组装（如机舱盖的组装），因此产生费用，由卖方承担。

卖方应提供上述部件的相关信息清单，包括详细名称、规格型号、数量或重量、单价、总价。如为外购设备，应注明生产厂家、产地、品牌。

卖方负责提供中文版本的标准基础技术资料和技术规格。

卖方负责提供中文版本的塔架招标技术资料和技术规格。

卖方负责提供中文版本的道路运输及安装场地技术要求。

卖方需提供所有部件中文版本的其他基本参数资料。

3.1.2　监控系统

一套风电场中央监控系统，包括计算机，打印机，软件及光缆接口、接头，密码锁，两套远端监视密码锁等。卖方须配合买方接入远程监控系统，开放端口并提供通信协议等技术支持以满足买方远程获取风电机组运行数据的需要，费用已包含于合同总价中。

机组就地控制系统和中央控制系统应具备从风机箱变监测系统采集信号（不少于2个模拟量和6个开关量）并在中央控制系统中显示等功能。

远程监控系统应具备在远程集中控制室对不同地区风电场实现集中监控的功能，卖方应根据买方要求提供相应设备及安装调试服务。

提供风电场能量管理系统及配套设施、安装、服务等，并能按照电网公司要求上传相关数据。

卖方必须配合做好风功率预测系统与风机中央监控系统接口工作，提供风功率预测系统及配套设施建设技术咨询服务等。

提供塔筒门开闭状态检测设施、安装、服务等，以满足中控室对其开闭状态的监测。

提供的有功功率控制系统应能兼容其他设备厂家的数据等，或者向其他厂家的有功功率控制系统开发端口，实现两个项目共用一套有功功率控制系统的目的。中央监控系统包含但不限于满足风功率预测、风机单机信息等信息上传电网的要求，如需增加传输设备如OPC等，由卖方提供。

3.1.3　专用工具

提供用于风电场所有设备的安装、运行维护和检修所必需的专用工具、仪表仪器、专用吊具及运行维护人员的安全装置等，卖方推荐安装公司准备的常用工具清单。

卖方应建立专用工具供应体系，以满足风机运行期的需要。卖方须在投标文件中明确随风机设备、运行必需的卖方推荐的专用工具，并提供相关信息清单，包括：详细名称、规格型号、数量或重量、单价、总价、生产厂家、产地、品牌、国内替代产品（国内有替代品的必须列出）等。

在全部合同设备最终验收后五年内，在买方需要购买任何一种专用工具时，卖方须按不高于其价格表中的价格提供给买方。五年后，若卖方及其供货商不生产合同范围内专用工具，则卖方有义务免费提供相应专用工具的设计图纸和技术规范。

3.1.4　备品备件

卖方应建立备品备件供应体系，以满足风机运行期的需要。保证调试、试运行和5

年质保期内运行、维护等所必需的备品备件，所提供备品备件应包含于合同总价中。质保期结束后，卖方负责将备品备件补齐至合同中所列数量。

卖方应在投标文件中提供完整的备品备件清单，清单应包括编号、详细名称、规格型号、数量或重量、单价、总价、生产厂家、产地、品牌、国内替代产品（国内有替代品的必须列出）。

在全部合同设备最终验收后 5 年内，在买方需要购买任何一种备品备件时，卖方须按不高于其投标文件中报价的价格提供给买方。5 年后，若卖方及其供货商不生产合同范围内备品备件，则卖方应免费提供相应备品备件的设计图纸和技术规范。

3.1.5 易耗品

卖方应提供满足调试、试运行和质保期运行、维护等所需的消耗品清单，清单应包括编号、详细名称、规格型号、数量或重量、单价、总价、更换周期、生产厂家、产地、品牌、国内替代产品（国内有替代品的必须列出）。质保期内消耗品用量大于提供的用量部分由卖方负责。

在全部合同设备最终验收后 5 年内，在买方需要购买任何一种消耗品时，卖方须按不高于其投标文件中报价的价格提供给买方。5 年后，若卖方及其供货商不生产合同范围内消耗品，则卖方应免费提供相应消耗品的设计图纸和技术规范。

3.1.6 技术服务

卖方提供合同设备的运输服务（现场满足卖方提供的道路要求，卖方运至买方现场指定地点），提供风电机组的安装指导、调试，运行人员的培训，质保期内的维修和维护等。

（1）编制项目实施进度计划，实施进展情况月报。

（2）编制设备的运输方案。

（3）设计、制作、工厂试验、装箱、运输至目的地、交付、开箱检查。

（4）提交设计、安装、使用、维护、维修的有关技术文件、资料和试验记录。

（5）编制和提交工厂培训和现场培训的计划，并对买方人员进行安装、调试、运行和维护培训。

（6）编制和提交所供应设备的安装手册和运行、维护手册。

（7）委派有经验的专业人员实施安装指导、现场检验。

（8）负责风力发电机组调试和试运行，提交完整的试验和调试大纲及报告。

（9）编制和提交所供设备在 5 年质保期内的服务计划，并按计划完成 5 年质保期内的服务。

（10）负责风力发电机组防雷保护，提出对基础接地电阻的要求，根据现场气象特点，提出对风机的防腐措施（特别是雷暴、强紫外线等破坏性气候的措施）。

（11）对买方负责安装低压电缆及远程监视控制系统电缆、光缆的工作进行指导监督，提供风电场各风机和中央监控系统的通信方案。

（12）所有必要的进一步服务：卖方应对风力发电机组的安装、运行、维护、检修等提供相应的监督指导服务，并承担完全监督指导责任。

（13）合同签订后的微观选址复核。

（14）塔筒监造。

（15）风机基础施工现场指导及检查。

上述技术服务费用已包含在合同总价内，如卖方认为另外涉及费用，则卖方应对涉及费用项进行单独报价或免费。

*3.2　主要部件质量保证

主要部件是指风电机组部分提及的发电机、传动部分、叶片及变流器（变频器）四部分内容。

卖方对主要部件的设计、质量缺陷在设计寿命期内需终身负责，卖方对不符合的部件应负责免费更换并赔偿相应损失。

若质保期内主要部件有消缺事宜，则与主要部件损坏相关联的非主要部件应以消缺完毕、验收合格之日起，重新计时 5 年。

卖方应承诺风机主轴为国内外知名品牌产品，主轴承必须采用 SKF 或 FAG 产品，如采用其他品牌，须经买方同意。

叶片属于主要部件，要求在设计寿命 20 年内不得更换，若 20 年内出现质量问题，卖方应免费更换，并承担由此造成的损失，赔偿金额按达不到可利用率的赔偿要求执行。

3.3　交货进度要求

3.3.1　概述

本交货进度表的交货日期为合同设备实际到达工地的交货时间。

设备交货地点为设备安装现场机位，卖方应保证现场能连续安装，不得因供货不及时原因而中断。

买方根据实际工程进度，在以上范围内对交货进度或者供货数量进行调整，卖方应无条件接受，且不提出费用索赔。

埋件在设备安装前分批到货，专用工具应随第一批交付，备品备件和消耗品视工程进度双方协商确定具体交货时间。卸塔筒、叶片的工具单独发到项目现场，具体时间按照买方要求，卸机舱的工具和第一批机舱同时抵达项目现场。

3.3.2　交货批次及进度

风电机组及其附属设备的交货批次和交货日期见第四章附件三。

4 技术标准

风力发电机组部件的制造和整机的总装应按照经权威机构认证的国际通用标准和国内有关标准的最新版本进行设计、制造和测试验收。如果卖方提供的设备或材料不符合如下标准，其建议标准和以下标准之间的所有详细区别应予以说明，卖方应就可能影响设备设计或性能的标准用中文并以文本形式提供给买方，供其批准。

技术规范标准：目前国际上通用的规范标准主要有 IEC（国际电工技术委员会）和 GL（德国劳埃德船级社）制定的技术规范和标准，以及国际国内通用的规范标准。

对一般机械、电气、土建的通用规范标准不再列举，但仍应严格执行。

主要的标准和规范为：

（1）GB：中国国家标准

（2）CEE：电气设备国际委员会的统一标准及认证标准

（3）IEC：国际电工技术委员会标准

（4）ISO：国际标准化委员会标准

（5）DIN：德国标准化协会标准

（6）DIN-VDE：德国标准化协会电气委员会标准

（7）IEEE：电气和电子工程师协会标准

（8）DL：中国电力行业标准

（9）ANSI：美国国家标准学会

（10）IEA：国际能量所

（11）EN：欧洲标准

（12）IEC—34：旋转式设备的设计标准

同时，制造商应在各个方面反映出风力发电机组领域内的最新技术。

如果某项标准或规范在本技术规范中未作规定，或卖方采用其他标准或规范，则卖方应详细说明其采用的标准或规范，并向买方提供其采用标准或规范的中文版本。只有当卖方采用的标准或规范是国际公认的、惯用的，且不低于本技术规范的要求时，才能为买方认可。

5 设备技术性能要求

5.1 一般要求

5.1.1 投标人提供的所有风力发电机组必须为同种型号，单机容量为______ MW，单台机组出口额定电压为____/____ kV。投标机型平均年等效满负荷小时数不得低于可研报告中提供的年等效满负荷小时数。

5.1.2　机型应为水平轴、三叶片、变桨距、上风向，须各项目根据实际自行确定（常温型/低温型/超低温型）型风力发电机组，推荐叶轮直径不低于____ m。通过《风电机组并网检测管理暂行办法》规定的风电机组电能质量、有功功率/无功功率调节能力、低电压穿越能力、电网适应性（包括频率/电压适应性和抗干扰能力）、电气模型验证。

5.1.3　机型应具备权威机构有效认证和测试报告，投标人提供齐全的认证证书，如投标人有引进的原型机的国外认证书，须提供相应的证明材料，其中应包括标准功率曲线、保证功率曲线、推力系数、噪音等级、功能特性的测试报告；若没有，应承诺在中标后一定时间内取得认证并向买方提供相应的证明材料，投标人需在投标文件中明确所需时间。

5.1.4　如投标人提供直驱机型风力发电机组，投标人须提供详细的机组试验材料、认证证书、产品业绩及其他技术资料，同时投标人对产品的质量、产能等做相应的保证。

5.1.5　机组应有商业运行业绩，投标人提供已投产风机实际运行的可利用率和实测功率曲线，同时提供连续运行和维修记录。

*5.1.6　机组设计寿命不小于 20 年，并应将现场气象与环境条件考虑在内。机舱顶部的测风设备应考虑防风沙，防冰冻，以及大风可能产生的影响。

*5.1.7　机组易耗元件可定期更换，如刹车片、滤网等，投标人需列出此类易耗元件的清单，并明确更换周期及更换费用。除投标人列出的易耗元件外，其余部件在设计寿命期间不应更换，如需更换，由卖方负责并赔偿相应损失。投标人应保证风力发电机组没有设计、材料和工艺上的缺陷，否则招标人设计寿命期内具有法律上的追溯权，投标人对不符合质量要求的零部件应负责免费更换并赔偿相应损失。

5.1.8　投标人应保证所供设备的材料、元件及部件是全新的且未经使用过的。所提供的所有风力发电机组必须具有相同的设计和结构，其部件应可互换使用（用于平衡稳定方面的除外）。所有风力发电机组应采用相同的彩色编码和接线标志。投标人必须提供每台风机的部件清单，阐明其生产厂家、原产地及各部件的技术资料（运行原理、参数、技术图纸等）。

5.1.9　所有电气元件和系统均须满足 IEC 60204—1 的要求，风机电气系统的设计必须符合 IEC 60364 的要求。

5.1.10　风力发电机组应能在环境温度为____℃～____℃期间内保证正常运行。风力发电机组生存温度为____℃～____℃。

*5.1.11　风电机组设备的运行应安全、可靠、稳定，能适应项目所在地的运行环境（包括但不限于高海拔、空气密度低、紫外线强、雷暴多发、相对湿度较高、易产生凝露结冰现象等）。针对上述不良运行环境，投标人应提交保证风电机组在项目所在地正常安全运行的技术专题报告（包括绝缘、机组散热、防凝露、防雷、防冰等），专题报

告中应包含具体的解决方案，并按投标文件的文件十要求提交招标人。电气绝缘方案应根据当地海拔、气象条件对风电机组的电气系统绝缘强度进行复核计算、提交计算成果或型式试验报告及相应措施。

投标风电机组电气设备应具有防腐蚀、防覆冰、防雷暴、防高温、防潮湿、防沙尘等功能，并做专题论述。明确风电机组设备如塔筒、叶片、机舱及机舱内所有部件等防腐蚀、防覆冰、防高温、防雷暴、防潮湿的能力，并提供相应的防腐蚀、防覆冰、防高温、防雷暴、防潮湿保证措施或相关证明。

5.1.12 叶片表面应该增加特殊的防护处理。

5.1.13 风机振动满足相应的技术标准，并具有振动过速保护功能，各主要部件振动等级标准符合 IEC 的要求。

5.1.14 所有传感器要求灵敏可靠，并确保都使用国际知名品牌，其准确级应满足相关规程、规范要求。

5.1.15 风电场所在地有较多的雷暴天气，机组应有可靠的防雷电保护措施，必须采取可靠的措施充分保护整套风力发电机组以最大限度减少雷电的侵害。防雷设计须满足 IEC 61024—1（1990），接地系统设计须满足 IEC 60363，过压保护设计须满足 IEC 61312—1。应详细介绍其雷电保护的设计标准、过电压保护措施，以及基础部连接的防雷接地系统及接地电阻的允许值。

*5.1.16 在质保期内投标人对于合同范围内的风力发电机组提供可利用率的保证值：投标人需保证设备质量保证期内风电场第一年平均可利用率≥95%，第二年平均可用率≥97%，第三至五年平均可利用率均≥98%；单台机组一至五年平均可利用率≥92%。

5.1.17 投标人提供塔筒制造图纸（塔筒间采用新型反向平衡法兰连接）、技术规范和验收标准，并派相关的专业人员参加塔筒制造过程中的检查、监督、验收。

5.1.18 投标人按照买方要求完成基础设计工作，提供风电场所在地在标准载荷下的标准型基础图、基础设计要求（包括基础载荷等），对提供的资料负责，招标人委托有资质的设计单位按照《风电机组地基基础设计规定》（FD 2007—0001）的要求进行风电机组基础设计复核，风机基础采用锚栓组合件型式。投标人派有经验的专业人员参加基础设计审查、对基础的施工过程进行必要的检查、监督和参加基础验收。

5.1.19 在保证质量、工期的前提下支持采用属地化生产的材料和部件，以及风力发电机组的总装。

5.1.20 所有零部件应满足项目现场吊装条件及通往风场的道路运输条件，投标人应选择合适的运输器具，使场内运输道路修筑费用最低。

*5.1.21 当风电场并网点的电压偏差在－10%～＋10%之间时，风电机组应能正常运

行；当风电场并网点电压偏差超过＋10%时，风电场的运行状态由风电场所选用风力发电机组的性能确定；当风电场并网点电压低于额定电压 90%时，风电场应满足低电压穿越能力要求。当风电场并网点电网频率偏离时，风电机组应按照表 7－1 的要求运行。低电压穿越能力和频率偏离下的运行能力，还应满足国家及行业其他相关规范规程。

表 7－1　频率偏离下的风电场运行

电网频率范围	要　求
低于 48Hz	根据风电场发电机组允许运行的最低频率而定。
48Hz～49.5Hz	每次频率低于 49.5 Hz 时要求至少能运行 30 分钟。
49.5Hz～50.2Hz	连续运行。
高于 50.2Hz	每次频率高于 50.2Hz 时，要求至少能运行 5 分钟的能力，并执行电网调度部门下达的高周切机策略，不允许停止状态的风力发电机组并网。

低电压穿越能力要求：图 7－1 为对风电场的低电压穿越要求。风电场并网点电压在图中电压轮廓线及以上的区域内时，场内风电机组必须保证不间断并网运行；并网点电压在图中电压轮廓线以下时，场内风电机组允许从电网切出。其中：

（1）风电机组在并网点电压跌至 20%额定电压时能保证不脱网连续运行 625ms 的能力；

（2）风电场并网点电压在发生跌落后 2s 内能够恢复到额定电压的 90%时，风电机组能保证不脱网连续运行。

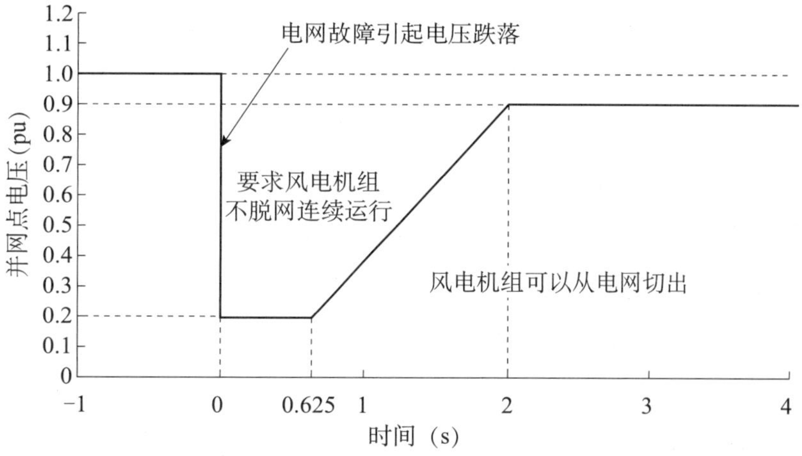

图 7－1　风电场低电压穿越要求

*5.1.22　风电机组功率因数应在感性 0.95～容性 0.95 之间可调。机组电能质量应满足《风电场接入电网技术规定》（Q/GDW 392—2009）和《风电场接入电力系统技术规定》（GB/T 19963—2011）要求；风电机组应能确保风电场所接入公共连接点的闪

变值满足 GB 12326—2008 的要求；风电机组应能确保风电场所接入公共连接点的谐波注入电流满足 GB/T 14549 的要求。当风电场并网点的闪变满足 GB 12326、谐波满足 GB/T 14549、三相电压不平衡度满足 GB/T 15543 的最新版规范规定时，风电场内的风电机组应能正常运行。

投标人提供风电机组就地无功补偿的参数供招标人参考设计集中无功补偿设备。风电机组型号应是按照国家能源局《风电机组并网检测管理暂行办法》（国能新能〔2010〕433 号）通过检测的机型，并提供相关检测报告。机组性能指标和配套设施功能还应能满足当地电网的相关要求。根据电网要求，本风电场将配置风电功率预测系统，投标方应提供与单独装设的风功率预测系统的通信接口，并保证通信成功，配合完善功能设计。相关设计符合《风电功率预测功能规范》（Q/GDW 588—2011）、《风电场功率预测预报管理暂行办法》（国能新能〔2011〕177 号）以及项目所在地电网公司的要求。风电机组的技术指标应满足《大型风电场并网设计技术规范》（NB/T 31003 — 2011）以及项目所在地电网公司的要求。风机技术性能保证满足并网安全性评价要求。

5.1.23 风电机组应具备有功功率和无功功率调节能力，应确保风电场能根据电网调度部门指令控制其有功功率输出；风电机组供应商应提供可用于系统仿真计算的风电机组模型及参数。与此有关的任何费用均已包含在投标报价中。

5.1.24 风电机组制造企业应按照国家风电信息管理中心、电网调度机构和买方上级主管单位的要求在签署三方保密协议的前提下开放端口，并提供通讯协议等技术支持，以满足国家风电信息中心、电网调度机构和买方上级主管单位远程获取风电机组有关运行数据的需要。

5.1.25 投标人无条件承诺，在合同有效期（质保期）内，卖方保证所供设备满足电网公司的相关要求，并不因此而增加新的费用。

5.1.26 投标人提供在各种电压变化及频率波动情况下风电机组的运行情况（说明发电机的稳定运行范围及条件），提供风电机组的功率容量曲线图。

5.1.27 投标人提供的产品须具有集中自动润滑功能，并详细列出需进行润滑的部件名称、润滑周期及润滑油脂的用量及费用。

5.1.28 投标人应提出适合本风电场运行维护的各类用油、脂的品质、型号，以及国内替代产品的型号、供货数量和更换时间等。

5.1.29 风力发电机组及附属设备外表面的颜色、标志等均应经招标人核准；原则上只能标注招标方的相关 LOGO 和机型型号。

*5.1.30 招标人有意向采购 IEC ______类风力发电机组，投标人应根据前述气象条件以及自身的运行经验判断采用相适应的风力发电机组类型，以确保风电场风力发电机组的安全。

5.1.31 在明确中标人后，中标人在一个月内完成风力发电机组微观选址方案，招标人将根据中国的有关标准和投标人的要求，对风电场进行详细的地质勘查，招标人根据地质勘查成果委托有资质的相关单位进行风力发电机组基础施工图设计。

5.1.32 风电机组应能在无操作人员值班条件下运行。即风电机组正常采用集中监控方式，由中控室运行人员通过风力发电机组计算机监控系统的人机接口，对风电场内所有风力发电机组进行集中远方监视和监控。在每台风力发电机的现地控制柜上，运行人员可通过控制柜上的人机接口对风力发电机组进行就地监视和控制。在风力发电机组运行过程中，控制柜能连续监视风力发电机的转速，控制制动系统使风机安全运行。

5.1.33 风电机组的噪声特性应符合 IEC 61400—11 标准。

5.1.34 材料

用于制造设备的所有材料应根据使用条件考虑强度、刚度、弹性变形、耐用性和其他化学及物理性能，选用符合标准要求最合适的、新的、优质的、无损伤、无缺陷的材料。

用于设备和部件的材料都应经过试验。试验按有关标准规定的有关方法进行，投标人应将相应的材料试验报告提交给招标人。

所有的部件应采用先进的工艺和执行有关标准精确制造。螺栓、螺母等紧固件以及机械配合公差应符合国际有关要求。零部件应有良好的互换性。

5.1.35 防腐

所有由碳钢制作的且暴露在大气中的部件，均应采取防腐措施。机舱及叶片外壳的颜色在设计联络会上商定。对于运输和安装过程中可能发生的防腐措施损坏，投标人负责恢复。

5.1.36 组装后的部、组件运到安装现场后，应进行详细检查，防止在运输过程中发生碰伤、变形、构件脱落、松动等现象，不合格的产品不允许安装。风电场设备安装的质量保证应符合 GB/T 19001 的要求。

5.1.37 风机技术性能保证须符合国家能源局、电网规定的技术标准、规范及规定等。

5.2 风轮系统

(1) 水平轴、上风向。

(2) 三叶片风轮。

(3) 适宜高海拔山区，要有专门的抗低温、抗雷暴、抗冰冻等措施。

(4) 外表防护层具有较高的防紫外线、防腐性能。

(5) 叶片与轮毂结合部应保持足够的密封性，以防止雨水、冰雹等进入传动部件。

(6) 具有航空标志。

（7）具有防雷保护措施，应按 IEC 61400—24（2002 年）标准进行防雷保护设计。

（8）轮毂上应有明确的吊装点，确保在轮毂与叶片吊装时有合适的倾角便于与机舱连接。

（9）可靠的刹车系统，在必要情况下能快速顺桨（包括在电网断电等情况下）。

5.3 机舱

（1）机舱应当可以安全进入，为功能性试验、维护和维修提供足够的空间和照明。

（2）机舱应当配有一个起吊装置，其至少能满足工具、备品备件、材料等的吊运。

（3）机舱必须有安全的工作区域，以保证接近传动部件的维护人员的安全。应当设有人员安全绳索的系着点，包括进入机舱、顶部的安全绳索的系着点。

（4）机舱必须具有足够的密封，以防止扬沙的进入。

（5）适宜当地地理条件，具有可靠的防雷、防冰雹、防雨水、防潮、防紫外线措施。

（6）机舱顶部测风仪应为数字式测风仪，或者厂家提出适合项目当地气候特点的测风仪类型。

5.4 传动部分

（1）传动部分包括轮毂、主轴、主轴承、齿轮箱（如果有）及联轴节。

（2）齿轮箱的装配和运输应符合 GB/T 19073 的技术要求。

（3）齿轮箱应当配有高效油过滤器和油冷却器，并应配置相应的国外进口传感器。

（4）所有的齿轮、轴承和主轴的尺寸应当充分考虑在各种条件下通过齿轮箱作机械负荷传递的安全系数。为了最大程度上降低齿轮箱的振动转移到机舱的主机架，应当采取相关措施。说明防止机内振动的措施。

（5）对齿轮箱、轴承所需润滑油的名称、规格、型号及技术要求应在标书中列出，每种润滑油至少列出两种品牌。列明必需的油品和洗涤剂及其他介质（型号及要求），并列出可在中国购买的相应产品。

（6）使用的部件，应具有互换性、通用性和高可靠性。

*（7）风机主轴应为国内外知名品牌产品，主轴承必须采用 SKF 或 FAG 产品，如采用其他产品，须经买方同意。

5.5 刹车系统

（1）在任何情况下，应具备使风电机组停止运行的失效保护系统。

（2）在紧急状态下，应能通过刹车系统实现紧急制动。

（3）应在投标书中列明刹车液的型号和要求。

（4）刹车系统应具有软、硬刹车功能。

5.6　液压系统

（1）风力发电机组的液压系统主要由液压泵站、油路、控制元件和执行机构组成。液压系统的可靠性直接影响到风力发电机组的安全运行，作为变桨距和刹车装置的动力，要求有可靠的保护功能。

（2）投标人应提供详细的液压系统图，列出液压元件的规格、型号及制造厂的使用说明和合格证。

（3）液压装置的说明书应包括试验内容、试验方法、试验要求以及验收标准。

（4）制动装置是指装在高速轴上的制动器，刹车盘材质应符合风电场条件的要求，出厂前应做动平衡试验；风电机组必须至少配有两套独立的制动系统，由此保证风电机组能在任何条件（包括电网故障的甩负荷）和风轮转速达到最大转速条件下停机。至少有一套制动设备应当以空气动力原理运作、直接作用于转轮。如果情况不同于上述，应当通过一个机械制动系统制动高/低速主轴。

（5）为了方便维护工作，制动系统应有锁定叶片位置的装置。

（6）刹车盘应设防护罩，刹车片磨损应发出信号，应提供刹车片的尺寸、材质和供应商。

（7）变桨机构有两种，一是液压操作，二是电动操作。如是液压操作系统，应提供比例调节阀的信号转换参数和时间配合的详细调试程序。电动操作应具有备用电源，有可靠的保护功能。

5.7　发电机

1）发电机应符合下列技术规格要求：

额定功率：≥______ kW

额定电压：______～______ kV，三相不平衡度≤5%

额定频率：50±0.5Hz

额定功率时的效率：不低于97%

功率因数：±0.95（可调）

防护等级：IP54

颤动等级：______ N

绝缘等级（定子、转子）：不低于F级

2）如风电机组采用双馈感应发电机，投标人应提供控制系统的核心部分——变频器（Frequency Converter）的技术参数（额定功率，输入、输出电压及电流，输出频率的变化范围等）、性能指标和质量保证条款。

3）发电机出口断路器除满足相关规程、规范外，还应符合下列技术规格要求：

（1）额定电流：______ A；

（2）额定电压：______ kV，三相不平衡度≤5%；

（3）额定频率：50Hz；

（4）额定短路开断电流：≥______ kA；

（5）额定峰值耐受电流：≥______ kA；

（6）额定热稳定电流及持续时间：≥______ kA，______ s；

（7）额定动稳定电流：≥______ kA；

（8）绝缘水平 50Hz，1min 工频耐受电压：≥______ V。

4）发电机组应有可靠的冷却方式。如果采用空冷方式，应保证引入的空气不得对发电机造成危害；如果采用水冷方式，应无渗水和漏水问题。

5）发电机的滑环碳刷应采用耐磨材料，要求最短更换时间为 24 个月。

6）对电力电子设备应提供详细的维修、调试及处理故障的技术资料和说明书。

7）发电机的安装和运输应符合 GB/T 19071.1 的要求。

8）发电机的结构及安装型式应符合 GB/T 997 中的 IMB3 的规定。

9）发电机作空载电动机运行时按 GB 10068 测定的振动速度有效值应不超过 2.8mm/s。

10）当并网三相电压平衡时，发电机空载三相电流中任何一相与三相平均值的偏差应不大于三相平均值的 10%。

11）发电机产品应按 GB/19071.2 的规定试验。

12）每台发电机须经检验合格后才能出厂，并应附有产品检验合格证，检验项目包括但不限于：

（1）机械检查；

（2）定子绕组对机壳及绕组相互间绝缘电阻的测定；

（3）定子绕组在实际冷状态下直流电阻的测定；

（4）耐电压试验；

（5）短时升高电压试验；

（6）空载电流和损耗的测定；

（7）超速试验；

（8）振动的测定。

13）发电机包装、标志应符合以下要求：

（1）铭牌上的数据刻划方法应保证在整个使用期内不易磨灭；

（2）铭牌应固定在电机机座的上半部，应标明的项目包括但不限于：制造厂名、发电机名称、发电机型号、外壳防护等级、额定功率、额定频率、额定转速、额定电压、额定功率因数、效率、绝缘等级、接线方法、制造厂出品年月和编号、质量。

5.8　中央和就地控制及监视系统

5.8.1　总的要求，但不限于下列内容：

（1）中央监控系统实现对各风力发电机的实时在线监控和管理，控制各发电机的启动与停机，进行定值修正，实现控制操作的画面显示、报表生成、打印、事件记录、报警、事故追忆、分析等功能，应具备系统故障的自动恢复功能；在通讯中断情况下，不应丢失技术数据。中央监控系统应具备足够数量的与升压站计算机监控系统之间传输数据的通信接口，相互间的通信规约待升压站计算机监控系统招标后与确定的生产厂家进行商定。中央监控系统应具备同风电场升压站综合自动化系统和当地电力主管部门信息进行交换的接口，且能满足当地通信规约的要求。中央监控系统在满足风电机组监控功能的基础上，还应具备足够数量的接口接点，接收箱式变电站遥信和遥测信号，监测箱式变电站运行情况。监控系统应实现双主机无误差、无干扰切换。

（2）在风电场内安装所有的数据传输及控制电缆，将每台风电机组与风电场中央监控系统相连（风电机组之间以及和中央监控间的数据传输光缆由招标人负责，其他所有控制系统相关设备由投标人提供）。

（3）数据传输采用光缆，光缆应采取简单可靠的方式连接；监控系统网络结构须组成环网结构，确保单点中断后监控信号不中断。

（4）光缆的敷设在投标人指导下由招标人进行。

（5）中央监控系统采用中文图文显示，并有多功能接口。

（6）投标人提出箱式变电站技术要求。

（7）监控系统通讯协议向业主开放，以满足开发远程监控的需要。

5.8.2　功能要求的具体内容，但不限于下述内容：

1）显示下列参数（包括单机、全部机组）：

（1）实时有功功率、无功功率；

（2）电压（V），三相有效值；

（3）频率（Hz）；

（4）电流（A），三相有效值；

（5）功率因数；

（6）风轮的转速（rpm）；

（7）发电机转速（rpm）；

（8）运行时间（h，多发电机应分别显示）；

（9）控制盘的工作时间（h）；

（10）风电机组的状态；

（11）实际有效发电量（kWh）；

（12）现地风速（m/s）；

（13）发电机的温度（℃，至少包含定子、转子、集电环等的温度，多台发电机应分别显示）；

（14）齿轮箱温度（℃，高速轴的轴承齿轮）；

（15）齿轮油温（℃）；

（16）机舱的环境温度（℃）；

（17）机械刹车状态；

（18）过去所有时间每台风电机组的日、月、年发电量和所有风电机组合计日、月、年发电量，以及每台风电机组和所有风电机组总发电量；

（19）20 年内的故障及停机记录；

（20）功率曲线统计，可进行月、年统计且可指定时间区间；

（21）可以画出风力发电机组和风电场的各项数据图标，包括功率曲线、风速曲线、风场效率、发电量谱线、可利用率柱状图等。

2）当出现下列情况时，可以停机并启动风机保护系统，显示和发出报警信号（应有声响和灯光报警）：

（1）液压系统内油面过低、油压过低、油压过高；

（2）偏航故障；

（3）电缆解缆故障；

（4）控制系统故障；

（5）机舱异常振动；

（6）刹车垫磨损；

（7）机械刹车故障；

（8）发电机、齿轮箱和偏航电机出现异常温度；

（9）风轮及发电机过速；

（10）安全系统启动；

（11）发电机超载或出现故障；

（12）过分振动。

3）当出现下列情况时，可以停机，显示和发出警报信号，并在条件许可时再次自动启动：

（1）低风速；

（2）风速过高；

（3）电缆解缆；

（4）电网故障。

4）为风电场主控制室的中央监控系统提供参数、运行情况及故障警报（需包含声响和灯光警报）等。

5）风电机组应能够以手动重新启动。如果中央监控系统及就地控制系统发生故障，风电机组停机后应能在机舱内通过顶部控制柜实现开停机。

6）所有参数的设定都要在风电机组投标文件中说明。风电机组保护与场内电网的保护装置应匹配，并确保故障能快速、准确地切除。

7）中央监控系统应具有相应等级的抗电磁干扰能力，所有控制和保护系统的元件，都要认真选择和布置，以避免来自周围环境的电磁干扰。

8）中央监控系统应含有风电场能量管理系统。

5.8.3　就地控制系统及配电盘

控制盘及配电盘应安装在塔筒内。

就地控制系统应由计算机控制，保证风力发电机组的正常并网发电和安全运行，具备紧急停机功能、故障报警功能、与风电场内的中央监控系统的通讯功能。能够操作风电机组启动、停机、偏航和复位，能够记录并显示发电量、发电时间、并网时间等数据。在停电或电网故障时，保证不丢失运行数据及记录。

就地控制系统不应依赖于中央监控系统，在与中央监控系统发生连接故障时，就地控制系统能够继续控制风电机组并保持风电机组运行。

5.8.4　配合买方在______和北京设立远程监测站，远程监测系统应能监测风力发电机的运行情况，对风速、发电量等参数具备完整的制表及打印功能，并具有故障诊断功能、时钟同步软对时（GPS、北斗双对时）等功能。

5.9　偏航系统

（1）偏航系统应根据风向的变化随时调整机舱使风轮对准风向，在对正风向的情况下应提供必要的锁紧力矩，以保证安全运行。在调向过程中应施加合适的阻尼力矩，该力矩的大小应明确其调整方法和数值。

（2）偏航系统有自动解缆功能，偏航计数器的设定条件应保证绕缆后自动解缆并复位。另外，必须设绕缆保护装置，一旦自动解缆功能失灵则绕缆到一定程度时，绕缆保护装置就会发出事故信号使机组紧急停机。

（3）偏航驱动装置和偏航制动器的故障较多，应提供制造厂家的技术资料以便修理和更换零件。

5.10　防雷保护

必须充分保护整套风电机组设备免受雷电的损坏。

应说明其雷电保护的设计标准、过电压保护措施，以及基础部连接的防雷接地系统，提供风电机组接地电阻技术要求。

防雷设计满足IEC 61024—1（1990）。

接地系统设计满足IEC 60363。

过压保护设计满足IEC61312—1。

5.11 塔筒设计要求（塔架设计图纸招标时提供）

1）按投标文件的机型，塔筒高度推荐不低于____ m。

2）招标人提供现场参数，投标人根据现场参数和风电机组产品性能，提供相应高度的塔筒价格、基础工程量和风电机组所发电量数据，最终由招标人根据技术经济比较后选定。

投标人应提供准确的塔筒技术参数，保证设计蓝图中塔筒用量不超过投标文件用量的2%，若合同执行过程中发生超出以上投标用量约定的范围，则超出部分用量产生的所有费用将由该投标人承担，招标人可从合同付款中直接扣除。

3）塔筒内部部件设计

（1）塔筒内部部件的设计和安装应满足使操作人员能够安全地进行安装、作业、维修和进入机舱，应设有直接通道进入塔筒内（门应能锁住）。

（2）塔筒内部应至少设有（包括但不限于）：

安全保护设施；塔内助爬器；电缆保护设施；梯栏；安全平台；照明设施；门；电气设备安装附件；灭火器和放置平台等。

4）塔筒的载荷情况应符合JB/T 10300—2001

塔筒的动强度分析应符合JB/T 10300—2001中5.3.16.4.2的规定，塔筒工作状态下的固有频率必须在大于风轮频率1阶的10%和小于风轮频率3阶的10%的范围内。

5）螺栓连接

所有重要的连接螺栓应进行极限载荷和疲劳载荷的强度计算，计算采用的材料数据按国家标准选取。所有钢结构高强度大六角头螺栓、螺母、垫圈技术条件应符合GB/T 1228～1231的规定。

6）投标人应考虑提出塔筒、箱变附件防盗技术措施。

5.12 可利用率和实际功率曲线的保证值

（1）在质量保证期（60个月）内，投标人对于机组可利用率的保证值为：投标人需保证设备质量保证期内风电场第一年平均可利用率≥95%，前两年平均可用率≥97%，前三至五年平均可利用率均≥98%；单台机组前一至五年平均可利用率≥92%。

（2）投标人提供的对应风场空气密度下功率曲线保证值必须为真实数据，具体测量及考核办法见附件。

5.13 噪声水平

风电机组的噪声特性应符合IEC 61400—11标准，投标人需提供噪音测试报告。

5.14　基础

投标人应完成基础标准图设计工作，基础采用锚栓组合件型式，并应随投标文件提供风力发电机组的基础资料。

（1）风力发电机组基础各控制工况下的载荷资料，包括重力、水平推力、力矩和扭矩等，提供整机振动计算材料及成果参数，特别是风机传递至基础的振动频率；

（2）风力发电机组基础的标准设计图纸（其中包括基础展示图）；

（3）工程量清单。

投标人应提供准确的基础混凝土和钢筋参数，保证基础设计蓝图的混凝土和钢筋用量不超过投标文件重量的5%；若合同执行过程中发生超出以上投标用量约定的范围，则超出部分用量产生的所有费用将由该投标人承担，招标人可从合同付款中直接扣除。

5.15　状态监测系统

5.15.1　总体要求

风电机组在线状态监测装置旨在提供基于多种专业化分析图谱和监测诊断报警手段，为风机设备维护提供指导性建议，设备管理人员可在风场局域网内实现数据实时监测、分析和诊断工作，监测目标如下：

（1）监测风电设备的各项参数有效地获知机组运行状态，指导用户进行预知维修。

（2）分析处理监测数据进行的手段和方法，从原始的监测数据中提取故障信息，对故障进行提前预警。

（3）根据监测到的数据和分析结果，对故障的部位、类型、严重程度、发展趋势等做出有效的判断，协助用户进行故障定位。

（4）保证风机可靠性，提高运营效率，节约维护成本，保护风机安全，延长风机寿命。

5.15.2　测点要求

（1）齿轮箱：各级齿轮轴承振动（加速度传感器）

（2）主轴承：振动（加速度传感器）

（3）发动机轴承：振动（加速度传感器）

（4）转速：电涡流或光电转速传感器

（5）其他参数：支持从控制系统引入功率、载荷、温度等工况参数，与振动、转速一起进行多参数融合分析。

备注：加速度传感器和转速传感器需选用国际知名品牌。

5.15.3　技术要求

（1）为保证数据实时性及准确性，状态监测系统采集振动数据需来源于原始模拟量信号，系统分析数据应采用无损压缩技术，数据需保留完整波形数据信息。

（2）系统根据风机工况特点，设计开发具备高可靠性、抗 EMC 二级以上、上电后软硬件自启动、实时连续采集（刷新速率为 2 秒以内）、数据断网保存功能的软硬件系统，满足风机变工况、变转速、电磁干扰强、存在一定的晃动等要求。

（3）支持从下一级服务器向上一级服务器的数据同步功能，满足各级风场管理要求。

（4）通过 B/S 方式直接访问设备监测数据，严禁通过远程桌面或虚拟远程的方式浏览，支持多用户访问（无数量限制），无须单独授权。

（5）具备强大实施服务队伍，国内实施服务队伍 20 人以上，保证现场安装、系统调试、后期培训服务一体化。

5.16 智能消防系统

风电机组应按照现行国家消防标准配置相应的消防设施。消防系统应具有以下特点：

（1）气体灭火

灭火剂采用高效环保的七氟丙烷气体灭火剂，可有效对机舱内电气、油类、电缆等火灾迅速灭火。灭火后灭火剂无残留，对设备无二次损害。

（2）自动灭火

该产品通过设置在风机易着火部位的多个温度感应探测器实现火灾预警，再由监测区域覆盖整个机舱的先进三波长红外火焰探测器识别、确认火灾状态后，自动完成灭火。火灾感测器件灵敏、可靠，实现无人值守。

（3）远传信号、风场全面联网

机舱自动灭火装置的运行状态，火灾报警、火灾喷放动作等信号，可通过风电场光纤网络在主控室实现远程监控，并能在风电机组中央监控系统实现声光报警功能。

（4）安全链联动

装置串入用户维护开关，自身设有安全开关，可确保检修人员安全；提供火灾信号接点和远传火警信息，用户可将其接入风电机组安全链进行联动，以便在灭火的同时停运风机和排风系统，提高灭火速度和效果。

（5）高适应性

可实现设计无缝对接，可在不改变原设计的情况下安装使用；装置耐受电磁环境、盐雾、震动，带自加热系统适应低温环境，对机舱内多种设备无干扰，可适合各种机型。气体瓶组、控制盘安装在塔筒内偏航层平台。

5.17 风功率控制系统

根据《风电并网技术标准》（修订稿）的要求，风电场应具备有功功率及无功功率调节功能，电网调度根据电网状况及负荷情况向风电场发出功率调节指令，风电场中控室或风电机组应能根据指令要求进行功率调节。

风力发电机组可根据用户或电网的需求进行功率调节，风场监控系统可自动接收电网调度发出的功率调节指令，经过内部处理后，将功率调节指令合理地分配给现场的每台风力发电机组，同时，监控系统实时将调节后的功率与调度指令的要求进行对比，并把结果以指令的方式再次发送给现场的风力发电机组，保证风场实际出力满足电网调度的指令要求，两次限功率指令之间的最小时间间隔为50秒。

除了自动接收电网调度的指令外，还可以人为地通过监控系统或机组就地控制器的人机界面进行功率调节。

电能管理平台的主要功能为（不限于以下功能，厂家根据产品进行相应细化）：

（1）实现单机无功功率调节（单机功率因数调节范围－0.95～＋0.95）；

（2）实现单机有功功率调节（在风速达到功率要求时，单机有功调节范围为____kW～____kW，即20％～100％额定功率）；

（3）在正常状态下，自动控制风场的无功功率，尽可能保证风场不吸收也不发出无功功率；

（4）自动控制风场有功功率，保证风场有功功率符合电网调度要求；

（5）在风况及机组状态发生改变时，控制有功功率变化率，实现风场平稳运行；

（6）合理分配指令，轮换停机模式；

（7）风场网络拓扑配置

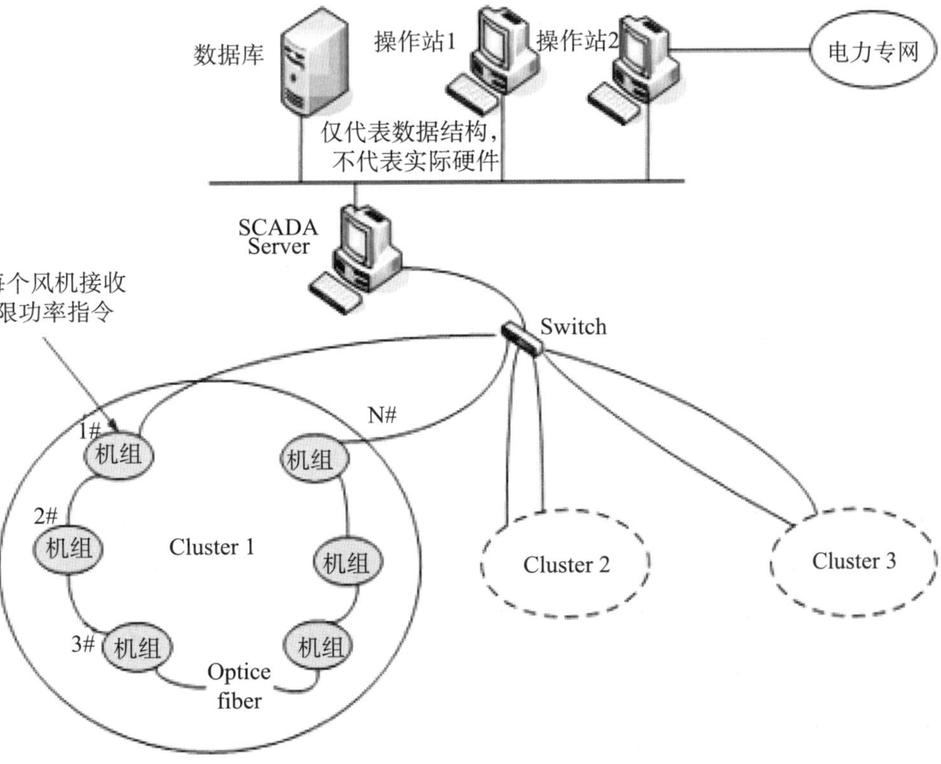

图7-2　常规____万千瓦风场网络配置（容量为____台）

（8）限功率原理

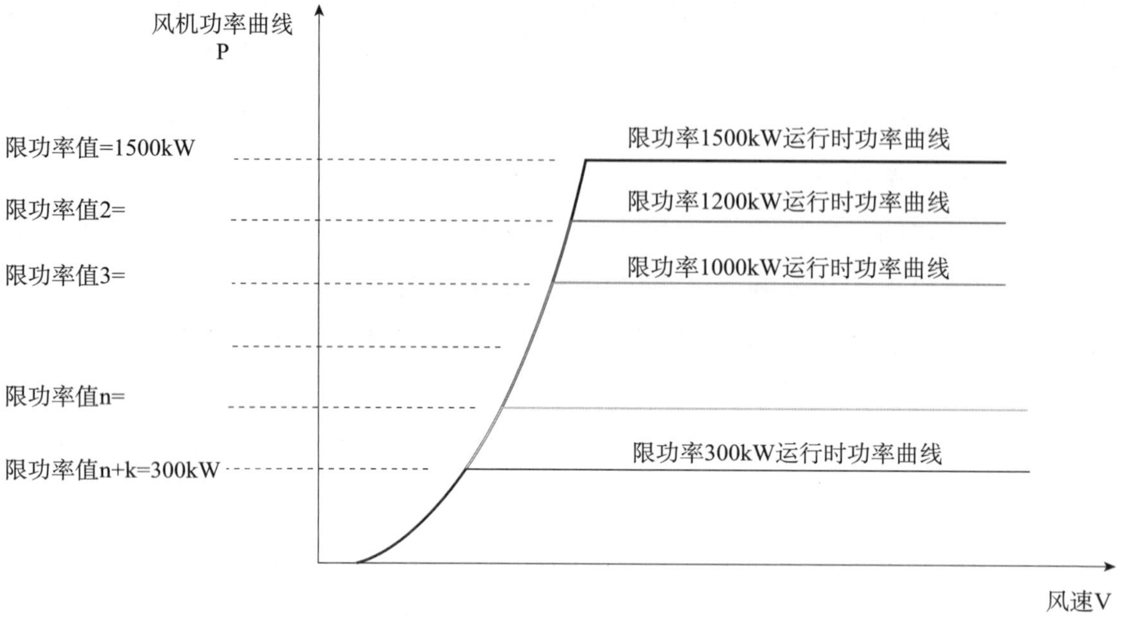

图 7－3　限功率后，单个机组发电情况

以单机容量 1500kW 风机为例，如上图所示，风场中控室需要对风场进行限功率时，给每个机组发出限功率指令。该限制值每台机组可以相同，也可以不同，该值的取值范围为 300～1500kW 的一个整数，然后点击下发。机组收到属于自己的限功率指令后，根据机组本身的情况，调节实际发出的有功功率，具体可以参考上述两图。这样，整个风场处于一个限功率的状态。

表 7－2　风电场有功功率变化率最大值

风电场装机容量（MW）	10min 最大有功功率变化限值（MW）	1min 最大有功功率变化限值（MW）
＜30	10	3
30～150	装机容量/3	装机容量/10
＞150	50	15

5.18　助爬器

5.18.1　标准和规范

产品必须通过欧洲 CE 认证（符合标准号：EN12100—1、EN12100—2、EN1050、EN60204—1）等有关安全、环保强制性标准的认证，产品必须通过 ISO9001 国际质量管理体系认证，并遵照最新版本的电力行业标准（DL）、国家标准（GB）和 IEC 标准及国际单位制（SI）的相关技术要求，并符合表 7－3 主要标准。

表 7-3　风机助爬器设备的主要标准和规范

标准号	标准名称
GB 4208—1993	外壳防护等级（IP 代码）（IEC 60529:1989 MOD）
FD 002—2007	风电场工程等级划分及设计安全标准（试行）
GB 18451.1—2001	风力发电机组安全要求
GB/T 13981—1992	风力机设计通用要求
DL/T 666—1999	风力发电场运行规程
DL 796—2001	风力发电场安全规程
DL/T 797—2001	风力发电场检修规程
EN 12100—1	机器的安全性基本概念一般设计原则　第一部分：基本术语法
EN 12100—2	机器的安全性基本概念一般设计原则　第二部分：技术原则和规范
EN 1050	机械设备的安全性危险评估的原则
EN 60204—1	机器电气安全标准

5.18.2　基本技术参数

（1）提升力：约 40kg（30～60kg 可调）；

（2）吊绳速度：最大 37m/min；

（3）生存范围：－50℃～＋80℃；

（4）工作温度：－40℃～＋60℃；

（5）电源：单相 220V，50Hz；

（6）工作循环：100％；

（7）绝缘等级：F ；

（8）防护等级：IP55；

（9）最大使用海拔：＞1000m；

（10）相关认证：CE 认证、欧盟 ROHS 环保认证等。

5.18.3　技术要求

1）工作状态

工作过程中作用力反应及时，作用力控制稳定，随人体动作工作，上升力稳定；禁止采用起重吊升方式造成头部冲顶等意外事故。

实现操作人员 3 秒启停，并配有紧急停止按钮、电源指示灯、故障指示灯。

助爬器可满足 60m 至 120m 塔高的风机使用。

2）主机部分

主机可简易拆卸、控制部分元件易更换、线缆连接配置双向航空插头。

能与固定装置进行插拔配合，主机部分重量小于 15kg，电机及控制部分集成在一起，采用非金属式外壳覆盖，防腐等级不低于 C4。

采用损耗小节能环保型小功率电机。

提升装置非卷扬机技术，有安全保护措施。

采用模块化设计原理，便于现场维护。

产品在内陆及沿海无外力或非自然力破坏以及人为破坏使用条件下满足 20 年的使用期限。

可方便扩展升级到具有遥控器调节控制的运行启动方式。

3）升降带部分

提升过程自适应攀爬速度（指人动则动，人停则停，人快则快，人慢则慢）并柔和过渡，无极变速，上升时手动提绳行程约 30cm。

必须使用钢丝绳升降带。

升降带的整体破坏拉力不小于 400kg。

延展性：2%/100kg。

材料本身具备防割划、耐腐蚀特性，适用低温 40℃和高温 60℃项目当地工作环境，设计使用寿命 25 年。

不与防坠落保护系统冲突，避免混淆缠绕等意外事故。

4）固定装置部分

助爬器固定装置必须可以安装在风机铝制或钢制爬梯上，整体重量不得大于 15kg。

固定装置转动部分不可外露，由非金属式外壳覆盖，防腐等级不低于 C4。

5）遥控部分（如有）

（1）防护等级：IP55；

（2）最大遥控距离：120m；

（3）遥控器频率：400MHz；

（4）调速等级：四档上升，一档下降。

5.18.4　功能要求

设备具备手动、自动、遥控及闭锁等功能。使用手动或者自动时，自动闭锁遥控功能；遥控时，自动闭锁手动和自动功能；一个遥控器使用时，其他遥控器自动闭锁。

5.18.5　符号要求

产品上标有产品型号、主要参数、生产日期等中文（或者中英对照）标识。

5.18.6　其他

助爬器配置按照每台风机独立原则进行投标报价，即主机与固定装置按照 1∶1 原则配置。

5.19　救生缓降器（逃生包）

5.19.1　安装及使用环境

逃生缓降器使用时，为了固定缓降器，在合适的高度上（测得离地面大约 2.0m）必须有一个符合 EN795 标准、最小负荷能力 1000kg 的固定点。如有可能，固定点应位于塔筒内（塔筒外）一个可以无障碍地自由进行缓降的地方。在缓降器的进绳点和出绳点上，缓降绳必须能够正常地进入和输出。安装处的承重：≥10kN。

使用符合安全标准的全身式安全带，紧急情况下可使用附送的简易安全带。

优异的耐候性，可在潮湿及其他各种恶劣环境下使用。

储存环境温度：－40℃～＋60℃。

工作环境温度：－30℃～＋60℃。

5.19.2　技术标准

下列文件中的条款通过本规范的引用而成为本规范的条款。凡是注日期的引用文件，其随后所有的修改单（不包括勘误的内容）或修订版不适用于本规范；然而，鼓励根据本规范达成协议的各方研究是否适用这些文件的最新版本，凡是不注日期的引用文件，其最新版本适用于本规范。

本规范中规定的所有要求，供方必须严格遵守。供方在制造过程中执行的标准规范如与现行的国际、国家及行业标准规范相矛盾，按较高的标准规范执行。

（1）GA 413—2003 救生缓降器行业标准。

（2）EN 341 防人员坠落保护装置：绳索下滑器。

（3）ISO 22159 个人防跌落保护性设备降落装置。

（4）ANSI Z359.4—2007 援救和自救系统、子系统和元部件的安全要求。

（5）EN 795—B 防高空坠落固定设备要求和试验。

5.19.3　技术参数

（1）高空逃生缓降装置

壳体材料：高强铝合金；

重量：不含绳索 2.1kg；

载重：225kg；

缓降速度：appro×0.7m/s；

高度：≤100m。

（2）缓降专用绳索

材料：尼龙化纤含航空钢芯；

规格：直径 9mm；

承受拉力：800kg；

单位重量：appro×49.5g/m；

性能：小伸缩性，不易形成扭结。

（3）所有设备部件收藏在牛津革材质、内衬隔热层的背包里或专用包装箱中，免受紫外线照射，可防水、防油、防盐雾，抵抗各种恶劣环境。

5.19.4　技术要求

1）产品需通过 Class A 等级的 CE 认证。

2）外观质量

缓降器由安全钩、绳索、调速器、金属连接件等组成。金属件外表面应光滑，无锈蚀、斑点、毛刺并进行防锈处理。各部件应连接可靠，无变形、损伤等异常现象。

3）强度

（1）整机强度

在缓降器使用状态对其施加拉伸负荷。在试验中绳索、调速器等应无明显变形、破损、脱卸等异常现象。

（2）安全钩强度

在安全钩使用状态对其施加拉伸负荷。在试验中安全钩及保险装置不得发生明显变形、断裂、脱落等现象。

（3）全身安全带强度

在全身安全带伸展方向对其施加拉伸负荷。在试验中不得发生破断现象。

（4）绳索强度

在绳索使用状态对其施加拉伸负荷。在试验中不得发生明显变形、断裂现象。

4）安全带扣环卡紧性能

在安全带伸展方向对扣环施加拉伸负荷。在试验中扣环不得发生滑移、明显变形现象。

5）可靠性

缓降器经可靠性试验后进行下降速度试验，其下降速度均应在 0.7m/s。在试验中调速器、安全钩、紧固栓、绳索应无变形及破损等异常现象。

6）技术服务

（1）投标人应向招标人提供产品安装、调试、使用、维护、保养方法等方面培训。

（2）如招标人有需要，投标方应派技术人员到招标方安装现场进行技术指导、设计评审、试验、测试。

7）包装、贮存、运输

（1）包装

出厂产品必须进行整台包装，并防止件间摩擦碰撞，外用木箱或纸箱包装。

（2）运输与贮存

对已包装的产品，在装卸和运输中不可抛卸，应避免接触腐蚀性物质，不得受到损坏和油、水沾污。

贮藏条件：通风干燥处。禁止与油脂、酸类、易燃物品及腐蚀性物品混放在一起。

6　技术资料

6.1　投标人应提供的技术资料

6.1.1　投标人应提供必要的技术文件，全面完整地介绍风力发电机组技术的先进性、可靠性以及设计的思路和特点。

6.1.2　技术文件至少应包括以下内容：

（1）设计特点及整机布置示意图。

（2）设计的原始依据。如安全等级、风轮设计风速（额定风速）、尖速比、实度、翼形选择及其升阻比、风轮直径的确定、不同轮毂中心高度的选择。

（3）有关动力学的计算方法及结果。如风力发电机组各部件的动载荷、振动及动力稳定性的分析计算结果等。

（4）风机的技术说明及其所有部件的详细介绍［叶片、轮毂、主轴、机舱、增速箱（如有）、刹车系统、发电机、偏航系统、控制系统、液压系统、底盘、防腐措施、雷电保护系统等］。

（5）噪音及电气特性（提供噪音测试报告）。

（6）权威机构测试的功率曲线及测试报告的复印本。

（7）风电场实际保证功率曲线、推力系数曲线及年发电量预算。

（8）当地空气密度下的静、动态功率曲线。

（9）电网连接说明。

（10）主要零部件清单。

（11）技术标准列表。

（12）实际的运行数据。

（13）塔筒技术规范。

（14）基础技术规范（包括每台风机基础的钢筋和混凝土用量）。

（15）技术图纸，包括风力发电机组外形图、塔筒总图、基础总图、雷电保护装置图、接地装置图、液压系统图、传感器布置图、电控系统组成及接线图和主接线图（标准电路图）。

（16）部件结构图，如叶轮、变桨、偏航、制动、联轴器、机舱、电机等。

（17）详细电量计算书。

（18）状态检修建议方案及相应传感器的设点方案。

（19）在合同签订后二周内向买方提供所供风机荷载、风机振动固有频率范围及塔架振动设计值并提供设计值计算书。同时提供风机整定参数、机舱振动加速度值等参数。在风机吊装完成后，投标人在现场进行风机固有频率测试。

6.1.3 风力发电机组各部分的操作说明及系统示意图，包括：

（1）风力发电机组的详细技术参数一览表；

（2）监控系统的介绍（设备说明、程序说明、通信接口说明），变桨变速风力发电机组提供电控系统与 IGBT-U 变频器的电路接口详图；

（3）双馈电机的励磁系统图及说明书；

（4）液压系统图及操作说明书；

（5）整机全部传感器的布置图、接线图及说明书；

（6）整机自动控制系统的方框逻辑示意图；

（7）输入输出信号一览表；

（8）保护、越限整定参数一览表；

（9）事故报警信号一览表；

（10）全部电气系统的操作说明书；

（11）防雷接地装置的布置图及验收技术要求标准。

6.1.4 投标人应提供的业务文件

投标文件内应附上的业务文件：

（1）项目工程进度表；

（2）培训计划及时间表的建议；

（3）监督和指导人员工作计划，包括工作内容、地点、人数和时间；

（4）安装、调试指导计划；

（5）运行维护指导计划；

（6）售后服务；

（7）备品备件、消耗品、专用工具详细清单，包括制造厂家、型号、数量、价格、替代厂家；

（8）对起重机安装塔筒和风机的适应性声明；

（9）公司质量体系及生产制造测试计划；

（10）配套厂的质量认证证明；

（11）偏差表。

投标人还应在投标文件中书面说明其偏差原因。偏差的内容应尽量详细以便招标人全面评估投标文件。没有申明的偏差（不在偏差清单中予以申明）将不予以接受，而且招标人在评标和授予合同时对该偏差不予承认。如果偏差清单中没有偏差内容，将视为投标者已全部接受了招标文件的条款和要求，没有任何限制，而且对招标文件的理解正确并认可招标文件内容。在授予合同时，招标人保留接受或拒绝任何偏差的权利，只有接受的偏差才对招标人有约束力。

6.1.5　质量控制及测试计划

投标人应在投标文件中附上一份质量控制及测试计划（中文版）。测试计划应当指出在生产、组装、装运、安装及调试之前（安装完工试机）的过程中对部件以及整台风机所要采取的质量控制形式、检验和测试，并列出大致的时间表。测试计划应当列明由主供货商、分包商或独立检测机构进行的测试内容。计划中也应当指明是否需要招标人在场进行的测试。招标人将视情况参加厂内试验、出厂试验验收工作。

投标人应在投标文件中附上中文版的塔筒（含基础环）的质量控制点计划。

6.2　中标后应提供的技术资料

投标人所提供的各种技术资料须满足招标人设计、安装、调试、运行、维护的需要，如果招标人认为所提供的技术资料无法满足需要，提出补充要求时，投标人应及时（招标人提出要求后两周内）免费予以补充提供。

中标人提供的资料应包括：塔筒和基础的设计文件、风机安装文件、质量检验文件、运行和维护手册、培训计划和培训材料、试验和调试报告、竣工资料、计划内的维护报告和质保期的特别维修报告、质保期结束时的最终检查报告。所有的图纸都应是标准尺寸的，如 A0、A1、A2、A3 或 A4 的规格。

6.2.1　设计文件（5 套文件）

合同实施过程中，中标人应提交如下设计文件：

（1）风电场微观选址报告。

（2）塔筒的生产图纸和规范。

（3）风电机组外形图、液压系统图、传感器布置图、电控系统组成及接线图和主接线图（标准电路图）。

（4）部件结构图，如叶轮、变桨、偏航、制动、联轴器、机舱、电机等。

（5）风电机组（包括叶片）的防雷设计内容、防雷措施方案及生产工艺要求，主要包括：叶片接闪器的数量与安装位置、接闪器与防雷引下线的连接、引下线的材料和截面积、引下线在叶片中的固定方法、引下线与叶片根部法兰的连接及等电位体连接方案。

（6）风机对就地变压器的设备元件配置要求。

（7）提供每台风机的所有部件清单及其各部件的技术资料，包括原理说明书、参数、技术图纸等，并阐明其生产厂家、原产地。

（8）提供风电机组塔筒内部接线图及元件参数，主要包括：发电机及出口断路器参数（含保护）等；提供风电机出口短路时短路电流等；提供风电机发出有功、无功情况及功率因数调节情况；提供电压或频率波动时风电机运行情况报告；提供风电机组各种工况谐波分析成果；提出基础接地电阻要求；提出箱式变电站要求（主要是变压器及保护情况）。

6.2.2 质量检验文件（5套文件）

此文件包括质量保证和含有检查记录、型式试验和/或本技术规范规定的试验证书的控制文件。在双方商定的期间内，中标人应按时提供（但不限于）如下资料：

表7-4 质量检验文件清单

序号	项目	提交时间
1	整机合格证	同设备交货期
2	设备制造厂的检验和试验报告	
3	装箱清单	
4	散件清单	
5	运输、安装、调试、运行及维护说明书	合同签订后1个月内

6.2.3 提供安装、调试、运行操作手册

提供风力发电机组、塔筒安装调试所需要的技术文件、图纸和试验准则，包括：

（1）安装图纸和技术要求（包括起吊位置），安装步骤说明及安装材料清单；

（2）安装工具，分专用工具和一般工具；

（3）电缆布置图，包括端子图和外部连接图；

（4）开关和控制板平面图、接地图和环境要求；

（5）设备安全预防措施；

（6）风力发电机组安装运行期间工作人员安全措施的规定说明，内容至少包括：制造厂的操作手册、电气系统的操作、运行与维护的协调、有效的清洁方法、攀爬规程、设备管理规程、恶劣天气应采取的措施、通讯程序和应急计划；

（7）机械部分安装有关不同部位紧固体所加不同力矩一览表，注明低温情况所受力矩的换算方法或列表说明；

（8）按装配允许的误差检查风力发电机组各部件垂直度、水平度和平行度、中心度；

（9）试车时应测量机舱、增速齿轮箱、高速轴、低速轴按设计要求及发电机的振动；

（10）电气部分应提供各部件和系统的试验大纲及验收标准文件。

6.2.4　运行和维护手册（10套文件和2套电子文档）

在风电机组开始安装的前3个月，投标人应向招标人提交中文运行操作手册。内容包含：控制系统的说明，启动及停止步骤，错误信息的解释，紧急停机，安全措施，事故防范守则，所有操作和指示元件（开关、按钮、灯光、测量计数仪器等）的功能说明及操作模式，每季或一定时间需要使用或停止使用的部件和功能部件的说明。

维护检修手册必须完整地包含电气接线图、风电机各个部件的图纸、风电机组定期维护清洗、详尽的要求及操作指南，还应包括检修期间的安全和事故防范措施及注意事项（例如攀爬扶梯和扶手的使用等）。

维护手册应规定易损零件磨损更换标准。

维护手册还应至少包括：

（1）对风机分系统的描述及操作要求；

（2）规定润滑周期的润滑表，润滑脂、润滑液种类；

（3）返修程序；

（4）维护检查周期和程序；

（5）预定的维护时间间隔；

（6）保护系统功能检查程序；

（7）完整的布线图和内部接线图；

（8）拉索检查预紧周期表，螺栓检查预紧周期表；

（9）诊断程序和故障排除说明；

（10）备件表；

（11）现场组装图、安装图；

（12）工具清单。

7　设备性能的考核及验收

7.1　调试投产期间的预验收

投标人全面负责风力发电机组的调试及试运行。风电机组的安装、接线完毕后通电调试，投标人在投标文件中附上调试计划，应当列明风电机组调试的内容、步骤、调试方法和控制点等。

1）投标人提供一份电量及非电量的整定值参数表。

2）根据整定值参数表对每一项内容进行整定并分项进行试验。

3）对变桨距、变速、偏航、液压刹车、电控系统中的各项功能逐项进行试验，全部合格验收后进行整机试验。

4）对每台风力发电机组的参数测量和动作试验均应有详细记录，整台机组安装调试完成后提供调试报告。

其中监控系统功能调试项目包括（不限于）：

（1）紧急停机功能；

（2）在各种运行条件下的刹车试验；

（3）偏航系统性能；

（4）突甩负荷试验；

（5）超速试验；

（6）机舱震动试验；

（7）电气保护性能；

（8）远方监控系统功能；

（9）自动运行功能。

一个集电线路回路的所有风电机组安装、调试完毕后，投标人提交安装、调试报告，经招标人同意进入试运行期。每台风电机组应连续、稳定、无故障并网运行 240 小时，并且在此期间如出现额定风速，机组应达到额定出力，且连续 2 小时额定出力运行则视为试运行合格。如果在 240 小时的试运行期内，没有出现额定风速，则试运行顺延 120 小时，如果仍未出现额定风速且机组运行正常，则暂视为试运行合格。待出现额定风速后，如机组未达到额定出力，则视为不合格。

以下外部原因导致的停机，不视为风电机组故障：

（1）电网故障（电网参数在技术规范范围之外）；

（2）气象条件（包括风况和环境温度）超出技术规范规定的运行范围；

（3）不可抗力。

若在 240 小时试运行期间，风电机组出现故障，则待故障处理后重新计时。

投标人提供的全部机组试运行合格后，双方签署预验收证书；合同设备进入 5 年的质量保证期。

7.2 质量保证期内的设备可利用率的考核

投标人应提供 5 年的质量保证服务，5 年的质量保证计算时间为最后一台风力发电机组签发预验收合格证书后自下月 1 日起的 5 年时间；若质保期内主要部件有消缺事宜时，因主要部件损坏相关联的非主要部件应以消缺完毕、验收合格之日起，重新计时 5 年。在此时间，所有设备计划内和计划外的维护由投标人负责。维护应当是综合性的，包括所有的费用，如人工、设备起吊和运输。5 年质量保证期，招标人将协助投标人完成维护和维修，投标人有责任继续对招标人的专业人员进行现场示范培训。

质保期内，投标人应提供优质的服务和维修维护服务。风电场平均可利用率考核指标为：从出具预验收证书之日起的60个月内，投标人需保证设备质量保证期内风电场第一年平均可利用率≥95%，前两年平均可用率≥97%，前三至五年平均可利用率均≥98%；单台机组前一至五年平均可利用率≥92%。若考核达不到指标，则视为投标人违约，并赔偿招标人实际损失发电量的售电收入。可利用率具体计算及考核办法见第四章附件十三。

7.3　功率曲线的考核

投标人应提供由权威机构认证的、投标机型的标准功率曲线和风场空气密度下的功率曲线，并保证功率曲线的真实正确。保证功率曲线符合投标书和合同指标是投标人的责任，投标人提供的风场空气密度下功率曲线（由认证功率曲线推算）若考核不合格，将按违约处理。功率曲线测量及考核办法见第四章附件十四。

8　现场技术服务、设计联络和技术培训

8.1　现场技术服务

投标人现场技术服务的目的是使所提供的设备能够安全、正常的投入运行；在投标阶段应提供现场服务计划表（人、月数）；在工程实施期间投标人追加的人、月数不再发生费用。

表7-5　现场服务计划表

序号	技术服务内容	计划人月数	派出人员构成		备注
			职称	人数	

表7-6　服务人员情况表

姓名		性别		年龄		职务	
工作简历	（包括参加了哪些工程的现场服务）						
单位评价	单位：（盖章） 年　　月　　日						

（注：每人一表）

8.2　投标人现场技术服务人员的工作内容

8.2.1　设备的催交、货物的开箱检验、质量问题的处理、设备索赔证书确认签字等。

8.2.2　指导安装、负责调试、参加试运行及性能的试验和验收，并负相应的督导责任。

8.2.3　双方和安装单位共同制订安装进度计划并对现场的电气设备试验、油品试验及

机械设备检查负责。投标人全面负责风力发电机组的调试及试运行，并提供一份电量及非电量的整定值参数表。在整台机组安装和调试完成后提供调试报告。

8.2.4　在安装和调试前，向招标人进行技术交底，介绍将要进行的程序和方法。

8.2.5　编制和提交所供设备在 5 年质量保证期内的服务计划，并按计划完成 5 年质量保证期内的服务。

8.2.6　投标人现场技术服务人员的工作费用自理，招标人在生活和交通方面提供方便。

8.3　**培训**

8.3.1　为了使设备能够正常的安装和运行，投标人有责任提供相应的技术培训，培训内容和时间安排应符合工程进度需要。

8.3.2　投标人负责对招标人技术人员进行安装调试、运行维护、检修等培训。培训材料应包括：设备的详细介绍、部件清单和安装、维修和维护手册。培训包括但不限于工厂培训、现场培训。投标人在投标书中应列出人员培训内容和计划，培训时间、地点、人数等内容由双方商定。

表 7-7　培训内容和计划表

培训内容	计划人日数	教师职称	教师人数	地点	备注

8.3.3　招标人培训人员在培训期间的培训、资料、食宿等费用由投标人承担。

8.3.4　培训目的

培训要达到如下目的：

（1）使受训者掌握制造商风电机组的详细知识、结构及部件；

（2）能使用所提供的手册和资料；

（3）能配合风力发电机组的安装；

（4）能够对风电机组进行日常和其他定期的维护；

（5）能够根据制造商的要求进行周期性的检查；

（6）能够进行故障查找，进行一般性故障维修；

（7）能够掌握备品备件的识别和管理（储存、文档记载和备品备件序号等），使维修人员能够根据维修手册的帮助，联络制造商的服务部门并定购必要的零部件。

培训结束后，投标人对每一位参加者出具证书，说明受训者已掌握培训内容，达到培训目的。

8.4 设计联络

招标人和投标人之间将举行设计联络会议，以讨论有关具体要求、澄清技术规范中的疑问，并进行必要的协调工作：

1）第一次联络会议

（1）主题：讨论塔筒设计有关细节、风电机组布置方案。讨论基础设计、设备吊装和运输方案，设备生产计划，电气部分（关于短路电流、接地、箱式变电站、谐波、功率因数、电压波动影响等），计算机监控系统硬件的选择及配置，远程通信系统的通讯规约，及相关的设计技术文件。

（2）地点：中标人所在地或工程所在地或其他地点。

（3）时间：合同签订后10天内。

2）第二次联络会议

（1）主题：工程进度，如交货、培训、安装、调试和协调等。

（2）地点：工程所在地。

（3）时间：合同签订后50天内。

3）每次会议都要签署会议纪要，会议纪要由招标人负责，讨论的项目和结论用中文书写，经双方复核签字后发给与会者。工程监理将参加会议。

4）除上述规定的设计联络会以外，如果有重要问题需要双方研究和讨论，经协商，可另外召开设计联络会，投标人的费用已包含在设备费用中。

5）设计联络会的会议准备、会议设施和安排会议的所有费用及会议文件资料、补充研究或试验等工作由投标人承担，费用均已包括在合同设备的价格中，不含招标人主持的第二次设计联络会会议设施与组织费用。

6）参加上述联络会的人员费用根据合同条款执行。

附件一：产品说明一览表

投标人可根据自身情况，充分提供能够说明投标人拟投标机组的技术性能资料。

表 1　机组的总体技术数据

<table>
<tr><th>序号</th><th colspan="2">项目</th><th>单位</th><th>数值</th></tr>
<tr><td>1</td><td colspan="2">机组数据</td><td></td><td></td></tr>
<tr><td>1.1</td><td colspan="2">制造厂家/型号</td><td></td><td></td></tr>
<tr><td>1.2</td><td colspan="2">额定功率</td><td>kW</td><td></td></tr>
<tr><td>1.3</td><td colspan="2">转轮直径</td><td>m</td><td></td></tr>
<tr><td>1.4</td><td colspan="2">切入风速</td><td>m/s</td><td></td></tr>
<tr><td>1.5</td><td colspan="2">额定风速</td><td>m/s</td><td></td></tr>
<tr><td>1.6</td><td colspan="2">切出风速（10 分钟平均值）</td><td>m/s</td><td></td></tr>
<tr><td>1.7</td><td colspan="2">极端（生存）风速（3 秒最大值）</td><td>m/s</td><td></td></tr>
<tr><td>1.8</td><td colspan="2">预期寿命</td><td>年</td><td></td></tr>
<tr><td>1.9</td><td colspan="2">设备可利用率</td><td>%</td><td></td></tr>
<tr><td>1.10</td><td colspan="2">该机型已安装数量</td><td>台</td><td></td></tr>
<tr><td>2</td><td colspan="2">叶片</td><td></td><td></td></tr>
<tr><td>2.1</td><td colspan="2">制造厂家/型号</td><td></td><td></td></tr>
<tr><td>2.2</td><td colspan="2">叶片材料</td><td></td><td></td></tr>
<tr><td>2.3</td><td colspan="2">叶尖线速度</td><td>m/s</td><td></td></tr>
<tr><td>3</td><td colspan="2">齿轮箱</td><td></td><td></td></tr>
<tr><td>3.1</td><td colspan="2">制造厂家/型号</td><td></td><td></td></tr>
<tr><td>3.2</td><td colspan="2">齿轮级数</td><td></td><td></td></tr>
<tr><td>3.3</td><td colspan="2">齿轮传动比率</td><td></td><td></td></tr>
<tr><td>3.4</td><td colspan="2">额定转矩</td><td></td><td></td></tr>
<tr><td>4</td><td colspan="2">发电机</td><td></td><td></td></tr>
<tr><td>4.1</td><td colspan="2">制造厂家/型号</td><td></td><td></td></tr>
<tr><td>4.2</td><td colspan="2">额定功率</td><td></td><td></td></tr>
<tr><td>4.3</td><td colspan="2">额定电压</td><td></td><td></td></tr>
<tr><td rowspan="4">4.4</td><td rowspan="4">功率因数</td><td>1/4 额定功率</td><td></td><td></td></tr>
<tr><td>1/2 额定功率</td><td></td><td></td></tr>
<tr><td>3/4 额定功率</td><td></td><td></td></tr>
<tr><td>额定功率</td><td></td><td></td></tr>
</table>

续表

序号	项目	单位	数值
4.5	绝缘等级		
5	补偿电容		
5.1	组数		
5.2	容量	kVar	
6	主轴		
6.1	制造厂家/型号		
7	主轴承		
7.1	制造厂家/型号		
8	制动系统		
8.1	主制动系统		
8.2	第二制动系统		
9	偏航系统		
9.1	型号/设计		
9.2	控制		
9.3	偏航控制速度		
9.4	风速仪型号		
9.5	风向仪型号		
10	液压装置		
10.1	制造厂家/型号		
11	现地控制系统		
11.1	型号/设计		
12	防雷保护		
12.1	防雷设计标准		
12.2	机组接地电阻值	Ω	
13	重量		
13.1	机舱	kg	
13.2	发电机	kg	
13.3	齿轮箱	kg	
13.4	叶片	kg	
13.5	叶轮	kg	

签字盖章：

表 2　单台风机部件和材料清单

风机编号：

序号	部件名称	使用材料	产品型号	产地	特征参数	分包厂家
1	机舱（包括机舱罩、底架、整流罩等）					
2	传动部分					
2.1	轮毂					
2.2	主轴					
2.3	主轴承					
2.4	齿轮箱					
3	偏航系统					
4	变桨系统					
5	刹车系统					
6	发电机					
7	发电机出口断路器					
8	变频器					
9	叶片					
10	液压系统					
11	主控柜					
12	防雷保护装置					
13	控制系统					
14	塔筒					
14.1	筒体					
14.2	连接法兰					
14.3	连接紧固件					
15	塔筒内动力电缆、控制电缆及附件、接地铜线等					

签字盖章：

表 3　振动的设计标准

部件	允许振动标准	设计值
机舱		
齿轮箱		
高速轴/低速轴		
发电机		
叶片		
塔筒		
基础		

签字盖章：

表 4　功率曲线

风速（m/s）	标准空气密度（1.225kg/m^3）			风场空气密度（kg/m^3）		
	功率（kW）	推力系数	功率曲线图	功率（kW）	推力系数	功率曲线图
3						
4						
5						
6						
7						
8						
9						
10						
11						
12						
13						
14						
15						
16						
17						
18						
19						
20						
21						
22						
23						
24						
25						

功率曲线必须为认证的动态功率曲线。

签字盖章：

表 5　风电机组不同轮毂高度与相应塔筒数据及其理论年发电量

轮毂高度（m）						
节号	上	长度（m）				
		重量（kg）				
	中	长度（m）				
		重量（kg）				
	下	长度（m）				
		重量（kg）				
塔筒总重量（kg）						
钢材规格型号						
年发电量（单台机组）						

注：1. 塔筒节数根据风电机组厂家设计提出。
2. 风电场的现场风资源参数由招标人提出。
3. 塔筒重量包含法兰和锚栓组合件重量。

签字盖章：

表 6　轮毂的不同高度与相应风电机组基础的技术数据

轮毂高度（m）				
基础钢筋用量（kg）				
基础钢筋型号				
基础混凝土用量（m^3）				
基础混凝土标号				

签字盖章：

表 7　工程进度表

序号	项 目	时 间
1	设计技术联络会	
2	机组出厂（或现场组装）	
3	现场安装、调试	
4	预验收	

注：投标人基于标书的内容，提出详细的工程进度（以合同生效开始算起）。

签字盖章：

附件二：要求投标人开展的几项准备工作

1. 根据招标人提供的地形图和风力资源情况，在限定的范围内，提出本招标风电场工程风电机组的布置方案。

2. 提供单台机组的工程量，包括：

（1）基础混凝土的型号、数量；

（2）钢筋材质、型号、数量；

（3）塔筒分段、材质、总重；

（4）箱式变电站（如有）技术参数；

（5）低压电缆及光缆型号、长度。

3. 提供机组吊装、运输要求。

4. 提供塔架招标图纸及生产技术要求。

5. 提供箱式变电站招标技术规定，电压等级，主机到箱式变电站电缆、光缆型号。

第八章　投标文件格式

________________（项目名称）招标

投 标 文 件

投标人：________________________________（盖单位章）

法定代表人或其委托代理人：________________（签字）

______年______月____日

目　录

一、投标函

致：______________（招标人名称）：

1. 我方已仔细研究了________（项目名称）________标段招标文件的全部内容，愿意以人民币（大写）________（￥________）的投标总报价［其中，不含税价格：人民币（大写）________（￥________）；增值税：人民币（大写）__________（￥________）；税率：____%］，按照合同的约定交付货物及提供服务。

2. 我方承诺在招标文件规定的投标有效期____天内不修改、撤销投标文件。

3. 随同本投标函提交投标保证金一份，金额为人民币（大写）__________（￥________）。

4. 如我方中标：

（1）我方承诺在收到中标通知书后，在中标通知书规定的期限内与你方签订合同。

（2）我方承诺按照招标文件规定向你方递交履约保证金。

（3）我方承诺在合同约定的期限内交付货物及提供服务。

5. 我方已经知晓中国长江三峡集团有限公司有关投标和合同履行的管理制度，并承诺将严格遵守。

6. 我方在此声明，所递交的投标文件及有关资料内容完整、真实和准确。

7. 我方同意按照你方要求提供与我方投标有关的一切数据或资料，完全理解你方不一定接受最低价的投标或收到的任何投标。

8. ____（其他补充说明）。

投标人：________________________（盖单位章）

法定代表人或其委托代理人：____________（签字）

地址__________________________邮编____________

电话__________________________传真____________

电子邮箱______________________________________

网址：____

______年______月______日

二、授权委托书、法定代表人身份证明

授权委托书

本人________（姓名）系______________________（投标人名称）的法定代表人，现委托__________（姓名）为我方代理人。代理人根据授权，以我方名义签署、澄清、说明、补正、递交、撤回、修改__________________（项目名称及标段）__________标段投标文件、签订合同和处理有关事宜，其法律后果由我方承担。

附：法定代表人身份证明、生产（制造）商出具的授权函（若需要）

投　标　人：______________________________（盖单位章）

法定代表人：______________________________（签字）

身份证号码：______________________________

委托代理人：________________________________（签字）

身份证号码：________________________________

______年______月______日

注：若法定代表人不委托代理人，则只需出具法定代表人身份证明。

附件一：法定代表人身份证明

投标人名称：________________________________

单位性质：________________________________

地址：________________________________

成立时间：____________年________月________日

经营期限：________________________________

姓名：________________性别：______年龄：______ 职务：______

系________________________________（投标人名称）的法定代表人。

特此证明。

附：法定代表人身份证件复印件

法定代表人身份证件复印件粘贴处

投标人：________________________________（盖单位章）

______年______月______日

附件二：生产（制造）商出具的授权函

致：________________（招标人）

我方________________（生产、制造商名称）是按中华人民共和国法律成立的生产（制造）商，主要营业地点设在___________________（生产、制造商地址）。兹指派按中华人民共和国的法律正式成立的，主要营业地点设在_______________（代理商地址）的________________（代理商名称）作为我方合法的代理人进行下列有效的活动：

（1）代表我方办理你方________________（项目名称）________________（货物名称及标包号）投标邀请要求提供的由我方生产（制造）的货物的有关事宜，并对我方具有约束力。

（2）作为生产（制造）商，我方保证以投标合作者来约束自己，并对该投标共同和分别承担招标文件中所规定的义务。

（3）我方兹授予________________（代理商名称）全权办理和履行我方为完成上述各项所必需的事宜。对此授权，我方具有替换或撤销的全权。兹确认________（代理商名称）或其正式授权代表依此合法地办理一切事宜。

我方于____年____月____日签署本文件，________________（代理商名称）于____年____月____日接受此件，以此为证。

代理商名称___（盖单位章）_________

签字人职务和部门________________

签字人（印刷体）姓名____________

签字人签名______________________

生产（制造）商名称___（盖单位章）___

签字人职务和部门________________

签字人（印刷体）姓名____________

签字人签名______________________

三、联合体协议书（如果有）

牵头人名称：________________________________

法定代表人：________________________________

法定住所：__________________________________

成员一名称：________________________________

法定代表人：________________________________

法定住所：__________________________________

……

鉴于上述各成员单位经过友好协商，自愿组成______（联合体名称）联合体，共同参加__________________（招标人名称）（以下简称招标人）________（项目名称）（以下简称本项目）的投标并争取赢得本项目承包合同（以下简称合同）。现就联合体投标事宜订立如下协议：

1. ________（某成员单位名称）为______________（联合体名称）牵头人。

2. 在本项目投标阶段，联合体牵头人合法代表联合体各成员负责本项目投标文件编制活动，代表联合体提交和接收相关的资料、信息及指示，并处理与投标和中标有关的一切事务；联合体中标后，联合体牵头人负责合同订立和合同实施阶段的主办、组织和协调工作。

3. 联合体将严格按照招标文件的各项要求，递交投标文件，履行投标义务和中标后的合同，共同承担合同规定的一切义务和责任，联合体各成员单位按照内部职责的部分，承担各自所负的责任和风险，并向招标人承担连带责任。

4. 联合体各成员单位内部的职责分工如下：__________________________。按照本条上述分工，联合体成员单位各自所承担的合同工作量比例如下：______________。

5. 投标工作和联合体在中标后项目实施过程中的有关费用按各自承担的工作量分摊。

6. 联合体中标后，本联合体协议是合同的附件，对联合体各成员单位有合同约束力。

7. 本协议书自签署之日起生效，联合体未中标或者中标时合同履行完毕后自动失效。

8. 本协议书一式＿＿＿＿＿＿份，联合体成员和招标人各执一份。

牵头人名称：＿＿＿＿＿＿＿＿＿＿＿＿（盖单位章）
法定代表人或其委托代理人：＿＿＿＿＿＿（签字）

成员一名称：＿＿＿＿＿＿＿＿＿＿＿＿（盖单位章）
法定代表人或其委托代理人：＿＿＿＿＿＿（签字）

成员二名称：＿＿＿＿＿＿＿＿＿＿＿＿（盖单位章）
法定代表人或其委托代理人：＿＿＿＿＿＿（签字）

＿＿＿年＿＿＿月＿＿＿日

四、投标保证金

（一）采用在线支付（企业银行对公支付）或线下支付（银行汇款）方式

采用在线支付（企业银行对公支付）或线下支付（银行汇款）方式时，提供以下文件：

投标保证金承诺（格式）

致：三峡国际招标有限责任公司

鉴于__________（投标人名称）已递交__________（项目名称及标段）招标的投标文件，根据招标文件规定，本投标人向贵公司提交人民币____万元整的投标保证金，作为参与该项目招标活动的担保，履行招标文件中规定义务的担保。

若本投标人有下列任何一种行为，同意贵公司不予退还投标保证金：

（1）在开标之日到投标有效期满前，撤销或修改其投标文件；

（2）在收到中标通知书 30 日内，无正当理由拒绝与招标人签订合同；

（3）在收到中标通知书 30 日内，未按招标文件规定提交履约担保；

（4）在投标文件中提供虚假的文件和材料，意图骗取中标。

附：投标保证金退还信息及中标服务费交纳承诺书（格式）

投标保证金递交凭证扫描件

投标人：__________（加盖投标人单位章）

法定代表人或其委托代理人：__________（签字）

日　期：______年______月______日

（二）采用银行保函方式

采用银行保函方式时，按以下格式提供投标保函及《投标保证金退还信息及中标服务费交纳承诺书》

投标保函（格式）

受益人：三峡国际招标有限责任公司

鉴于________（投标人名称）（以下称“投标人”）于____年____月____日参加__________（项目名称及标段）的投标，__________（银行名称）（以下称“本行”）无条件地、不可撤销地具结保证本行或其继承人和其受让人，一旦收到贵方提出的下述任何一种事实的书面通知，立即无追索地向贵方支付总金额为___________的保证金。

（1）在开标之日到投标有效期满前，投标人撤销或修改其投标文件；

（2）在收到中标通知书 30 日内，投标人无正当理由拒绝与招标人签订合同；

（3）在收到中标通知书 30 日内，投标人未按招标文件规定提交履约担保；

（4）投标人未按招标文件规定向贵方支付中标服务费；

（5）投标人在投标文件中提供虚假的文件和材料，意图骗取中标。

本行在接到受益人的第一次书面要求就支付上述数额之内的任何金额，并不需要受益人申述和证实他的要求。

本保函自开标之日起__________（投标文件有效期日数）日历日内有效，并在贵方和投标人同意延长的有效期内（此延期仅需通知而无须本行确认）保持有效，但任何索款要求应在上述日期内送到本行。贵方有权提前终止或解除本保函。

银行名称：（盖单位章）

许可证号：

地　　址：

负 责 人：（签字）

日　　期：　　年　　月　　日

注：投标人可参考本格式或使用出具银行的格式提交投标保函。如使用出具银行的格式，对于本格式中所规定的保额、责任条件、有效期等不能变更。

附件：投标保证金退还信息及中标服务费交纳承诺书

三峡国际招标有限责任公司：

我单位已按招标文件要求，向贵司递交了投标保证金。信息如下：

序号	名　称	内　容
1	招标项目名称及标段	
2	招标编号	
3	投标保证金金额	合计：￥____________，大写______________
4	投标保证金缴纳方式（请在相应的“□”内划“√”）	□4.1 在线支付（企业银行对公支付） 汇款人： 汇款银行：　　　　　　　银行账号： 汇款行所在省市： □4.2 线下支付（银行汇款） 汇款人： 汇款银行：　　　　　　　银行账号： 汇款行所在省市： □ 4.3 银行投标保函 投标保函开具行：
5	中标服务费发票开具（请在相应的“□”内划“√”）	□ 5.1 增值税普通发票 □ 5.2 增值税专用发票（请提供以下完整开票信息）： ● 名称： ● 纳税人识别号（或三证合一号码）： ● 地址、电话： ● 开户行及账号：

我单位确认并承诺：

1. 若中标，将按本招标文件投标须知的规定向贵司支付中标服务费用，拟支付贵司的中标服务费已包含在我单位报价中，未在投标报价表中单独出项。

2. 如通过方式 4.1 或 4.2 缴纳投标保证金，贵司可从我单位保证金中扣除中标服务费用后将余额退给我单位，如不足，接到贵司通知后 5 个工作日内补足差额；如通过方式 4.3 缴纳投标保证金，将在合同签订并提供履约担保（如招标文件有要求）后 5 日内支付中标服务费，否则贵司可以要求投标保函出具银行支付中标服务费。

3. 对于通过方式 4.1 或 4.2 提交的保证金，请按原汇款路径退回我单位，如我单位账户发生变化，将及时通知贵司并提供情况说明；对于通过方式 4.3 提交的银行投标保函，贵司收到我单位汇付的中标服务费后将银行保函原件按下列地址寄回：

投标人名称（盖单位章）：

地　址：　　　　　　　　　　邮编：　　　　联系人：　　　　联系电话：

法定代表人或其委托代理人：　　　　　　　　　　年　　月　　日

说明：1. 本信息由投标人填写，与投标保证金递交凭证或银行投标保函一起密封提交。

2. 本信息作为招标代理机构退还投标保证金和开具中标服务费发票的依据，投标人必须按要求完整填写并加盖单位章（其余用章无效）。由投标人的填写错误或遗漏导致的投标担保退还失误或中标服务费发票开具失误，责任由投标人自负。

五、投标报价表

说明：投标报价表按第五章“设备采购清单”中的相关内容及格式填写。构成合同文件的投标报价表包括第五章“设备采购清单”的所有内容。

六、技术方案

1. 技术方案总体说明

按照招标文件第七章“技术标准和要求”提交相关技术方案文件，文件内容应说明设备性能，拟投入本项目的加工、试验和检测仪器设备情况，质量保证措施等。

2. 附件

投标人还应提交下列附件对技术方案做进一步说明。

附件一：货物特性及性能保证

附件二：投标人提供的图纸和资料

附件三：设计、制造和安装标准

附件四：工厂检验项目及标准

附件五：工作进度计划

附件六：技术服务方案（含质保期运行维护方案）

附件七：合同设备描述概要表

附件八：投标图纸

投标人：______________________________（盖单位章）

法定代表人或其委托代理人：__________________（签字）

______年______月______日

附件一：货物特性及性能保证

投标人必须用准确的数据和语言在下表中阐明其拟提供的设备的性能保证，投标人应保证所提供的合同设备特性及性能保证值不低于第七章技术条款参数要求。

投标人一旦被授予合同，所提供的性能保证值经买方认可后将作为合同中设备的性能保证值。

序号	招标文件要求值	投标响应值

投标人：____________________（盖单位章）

法定代表人或其委托代理人：__________（签字）

______年______月______日

附件二：投标人提供的图纸和资料

1. 概述

投标人应与其投标文件一起提供与本招标文件技术条款相应的足够详细和清晰的图纸资料和数据，这些图纸资料和数据应详细地说明设备特点，同时应对与技术条款有异或有偏差之处清楚地说明。除非买方批准，设备的最终设计应按照这些图纸、资料和数据的详细说明进行。

2. 随投标文件提供的图纸资料

投标人应根据本招标文件所述的供图要求，提供工厂图纸的目录及供图时间表，图纸应包括招标文件所列的内容和招标人认为应增加的内容。

3. 随投标文件提供的技术文件

设备清单及描述（含设备名称、型号、规格、数量、产地、用途等）。

投标人认为必要的其他技术资料。

投标人：____________________（盖单位章）

法定代表人或其委托代理人：__________（签字）

______年______月______日

附件三：设计、制造和安装标准

投标人应列明投标设备的设计、制造、试验、运输、保管、安装和运行维护的标准和规范目录。

投标人：__________________________（盖单位章）

法定代表人或其委托代理人：__________（签字）

______年______月______日

附件四：工厂检验项目及标准

投标人应列明工厂制造检查和测试所遵循的最新版本标准。

投标人应指出拟提供设备的初步检查和测试项目。

投标人：__________________________（盖单位章）

法定代表人或其委托代理人：__________（签字）

______年______月______日

附件五：工作进度计划

投标人应按技术条款的要求提出完成本项目的下述计划进度表。

1. 制造进度表

2. 交货批次及进度表

序号	名称	型号规格	单位	数量	交货时间	交货地点
一	第一批					
二	第二批					
……	……					

3. 其他

投标人：________________________（盖单位章）

法定代表人或其委托代理人：__________（签字）

______年______月______日

附件六：技术服务方案

投标人应按技术条款的要求提出本项目的技术服务方案，如安装方案（若有）、现场调试方案、技术指导、培训和售后服务（质保期运行维护）计划等。

投标人：________________________（盖单位章）

法定代表人或其委托代理人：__________（签字）

______年______月______日

附件七：合同设备描述概要表

序号	名称	主要技术规范	数量	包装	每件尺寸（cm^3）（长×宽×高）	每件重量（t）	总重量（t）	交货时间
1								
2								
3								
4								
5								
6								
7								
8								
……								

附件八：投标图纸

投标人：____________________（盖单位章）
法定代表人或其委托代理人：__________（签字）
______年______月______日

附件九：风机布置及发电量计算

投标人根据招标文件规定条件进行微观选址，提供风机布置及发电量计算。

投标人需对招标人提供的地形图、风资源数据等资料出具保密承诺书。

投标人：____________________（盖单位章）
法定代表人或其委托代理人：__________（签字）
______年______月______日

七、偏差表

投标人可以不提交一份对本招标文件合同条款的逐条注释意见，但应根据表 8－1 的格式列出对上述条款的偏差（如果有）。未在商务偏差表中列明的商务偏差，将被视为满足招标文件要求。

表 8－1　商务偏差表

项　目	条款编号	偏差内容	备　注

备注：对投标人须知前附表中规定的实质性偏差的内容提出负偏差，无论是否在本表中填写，将被认为是对招标文件的非实质性响应，其投标文件将被否决。

投标人：____________________（盖单位章）

法定代表人或其委托代理人：__________（签字）

______年______月______日

投标人可以不提交一份对本招标文件技术要求的逐条注释意见，但应根据表 8－2 的格式列出对上述条款的偏差（如果有）。未在技术偏差表中列明的技术偏差，将被视为满足招标文件要求。

表 8－2　技术偏差表

项　目	条款编号	偏差内容	备　注

备注：对投标人须知前附表中规定的实质性偏差的内容提出负偏差，无论是否在本表中填写，将被认为是对招标文件的非实质性响应，其投标文件将被否决。

投标人：____________________（盖单位章）

法定代表人或其委托代理人：__________（签字）

______年______月______日

八、拟分包（外购）部件情况表

序号	拟分包（外购）部件	分包（外购）单位	到货时间
1			
2			
3			
……			

投标人：____________________（盖单位章）

法定代表人或其委托代理人：__________（签字）

______年______月______日

九、资格审查资料

（一）投标人基本情况表

<table>
<tr><td>投标人名称</td><td colspan="6"></td></tr>
<tr><td>注册地址</td><td colspan="3"></td><td>邮政编码</td><td colspan="2"></td></tr>
<tr><td rowspan="2">联系方式</td><td>联系人</td><td colspan="2"></td><td>电话</td><td colspan="2"></td></tr>
<tr><td>传真</td><td colspan="2"></td><td>网址</td><td colspan="2"></td></tr>
<tr><td>组织结构</td><td colspan="6"></td></tr>
<tr><td>法定代表人</td><td>姓名</td><td></td><td>技术职称</td><td></td><td>电话</td><td></td></tr>
<tr><td>技术负责人</td><td>姓名</td><td></td><td>技术职称</td><td></td><td>电话</td><td></td></tr>
<tr><td>成立时间</td><td colspan="2"></td><td colspan="4">员工总人数：</td></tr>
<tr><td>投标人组织机构代码或统一社会信用代码</td><td colspan="6"></td></tr>
<tr><td>许可证及级别</td><td colspan="2"></td><td rowspan="5">其中</td><td>高级职称人员</td><td colspan="2"></td></tr>
<tr><td>营业执照号</td><td colspan="2"></td><td>中级职称人员</td><td colspan="2"></td></tr>
<tr><td>注册资金</td><td colspan="2"></td><td>初级职称人员</td><td colspan="2"></td></tr>
<tr><td>基本账户
开户银行</td><td colspan="2"></td><td>技工</td><td colspan="2"></td></tr>
<tr><td>基本账户账号</td><td colspan="2"></td><td>其他人员</td><td colspan="2"></td></tr>
<tr><td>经营范围</td><td colspan="6"></td></tr>
<tr><td>备注</td><td colspan="6"></td></tr>
</table>

备注：1. 本表后应附企业法人营业执照、生产许可证等材料的扫描件。

2. 若代理商投标，须同时提供生产（制造）商的基本情况表。

附件一：生产（制造）商资格声明

1. 名称及概况

（1）生产（制造）商名称：____________________

（2）总部地址：____________________

传真/电话号码：________________邮政编码：____________

（3）成立和/或注册日期：____________________

（4）法定代表人姓名：____________________

2. 投标货物的设施、主要零部件情况

（1）关于生产（制造）投标货物的设施及有关情况

工厂名称地址	生产的项目	年生产能力	职工人数
________	________	________	______
________	________	________	______

（2）本生产（制造）商不生产，而需从其他生产（制造）商购买的主要零部件

生产（制造）商名称和地址	主要零部件名称
________________	__________
________________	__________

3. 其他情况：组织机构、技术力量等

兹证明上述声明是真实、正确的，并提供了全部能提供的资料和数据，我们同意遵照贵方要求出示有关证明文件。

生产（制造）商名称：________（盖单位章）

签字人姓名和职务：________________

签字人签字：________________

签字日期：________________

传真：________________

电话：________________

电子邮箱：________________

附件二：代理商的资格声明

1. 名称及概况

（1）代理商名称：________________

（2）总部地址：________________

传真/电话号码：________________ 邮政编码：________________

（3）成立和/或注册日期：________________

（4）法定代表人姓名：________________

2. 近 3 年该货物主要销售给国内、外主要客户的名称地址

（1）出口销售

（名称和地址）　（销售项目名称）

（名称和地址）　（销售项目名称）

（2）国内销售

（名称和地址）　（销售项目名称）

（名称和地址）　（销售项目名称）

3. 由其他生产（制造）商提供和生产（制造）的货物部件（如有）

生产（制造）商名称和地址　　生产（制造）的部件名称

________________　________________

4. 开立基本账户银行的名称和地址：________________

5. 其他情况：组织机构、技术力量等

兹证明上述声明是真实、正确的，并提供了全部能提供的资料和数据，我们同意遵照贵方要求出示有关证明文件。

代理商名称：________________（盖单位章）

代理商全权代表：________________（签字）

签字日期：________________

传真：________________

电话：________________

电子邮箱：________________

（二）近年财务状况表

投标人须提交近______年（______年至______年）的财务报表，并填写下表。

序号	项目	______年	______年	______年
1	固定资产（万元）			
2	流动资产（万元）			
2.1	其中：存货（万元）			
3	总资产（万元）			
4	长期负债（万元）			
5	流动负债（万元）			
6	净资产（万元）			
7	利润总额（万元）			
8	资产负债率（%）			
9	流动比率			
10	速动比率			
11	销售利润率（%）			

备注：在此附经会计师事务所或审计机构审计的财务会计报表，包括资产负债表、损益表、现金流量表、利润表和财务情况说明书的扫描件，具体年份要求见第二章“投标人须知”的规定。

（三）近年完成的类似项目情况表

项目名称	
项目所在地	
采购人名称	
采购人地址	
采购人电话	
合同价格	
供货时间	
货物描述	
备注	

注：应附中标通知书（如有）和合同协议书以及货物验收证表（货物验收证明文件）等的扫描件，具体年份时间要求见投标人须知前附表。每张表格只填写一个项目，并标明序号。

如果招标文件投标人资格条件中要求运行业绩，还需提供用户出具的稳定运行证明文件。

（四）正在进行的和新承接的项目情况表

项目名称	
项目所在地	
采购人名称	
采购人地址	
采购人电话	
合同价格	
供货时间	
货物描述	
备注	

注：应附中标通知书（如有）和合同协议书等的扫描件，具体年份时间要求见投标人须知前附表。每张表格只填写一个项目，并标明序号。

（五）近年发生的诉讼及仲裁情况

序号	案由	双方当事人名称	处理结果或进度情况
……	……	……	……

注：1. 本表为调查表。不得因投标人发生过诉讼及仲裁事项作为否决其投标、作为量化因素或评分因素，除非其中的内容涉及其他规定的评标标准，或导致中标后合同不能履行。

2. 诉讼及仲裁情况是指投标人在招投标和中标合同履行过程中发生的诉讼及仲裁事项，以及投标人认为对其生产经营活动产生重大影响的其他诉讼及仲裁事项。

投标人仅需提供与本次招标项目类型相同的诉讼及仲裁情况。

3. 诉讼包括民事诉讼和行政诉讼；仲裁是指争议双方的当事人自愿将他们之间的纠纷提交仲裁机构，由仲裁机构以第三者的身份进行裁决。

4. “案由”是事情的原由、名称、由来，当事人争议法律关系的类别，或诉讼仲裁情况的内容提要。如“工程款结算纠纷”。

5. “双方当事人名称”是指投标人在诉讼、仲裁中原告（申请人）、被告（被申请人）或第三人的单位名称。

6. 诉讼、仲裁的起算时间为：提起诉讼、仲裁被受理的时间，或收到法院、仲裁机构诉讼、仲裁文书的时间。

7. 诉讼、仲裁已有处理结果的，应附材料见第二章“投标人须知”3.5.3；还没有处理结果，应说明进展情况，如某某人民法院于某年某月某日已经受理。

8. 如招标文件第二章“投标人须知”3.5.3 条规定的期限内没有发生的诉讼及仲裁情况，投标人在编制投标文件时，需在上表“案由”空白处声明：经本投标人认真核查，在招标文件第二章“投标人须知”3.5.3 条规定的期限内本投标人没有发生诉讼及仲裁纠纷，如不实，构成虚假，自愿承担由此引起的法律责任。特此声明。

（六）其他资格审查资料

（投标人名称）＿＿＿＿＿＿＿＿＿＿

（授权代表签名）＿＿＿＿＿＿＿＿＿

（印刷体姓名）＿＿＿＿＿＿＿＿＿＿

（职务）＿＿＿＿＿＿＿＿＿＿＿＿＿

十、招标人关心的材料部件清单

为有利于本次评标，投标人应提供以下部件相关文件和资料，包括但不限于：

序号	名称	规格和型号	制造商	产地	单位	数量	含税价格	税金	备选厂家
1	叶片								
2	主轴轴承								
3	偏航轴承								
4	偏航电机								
5	变桨轴承								
6	变桨电机								
7	齿轮箱								
8	变频器（变流器）								
9	发电机								
10	发电机出口断路器								
11	主轴								
12	轮毂								
合计									

投标人：______________________（盖单位章）

法定代表人或其委托代理人：____________（签字）

年　　月　　日

十一、构成投标文件的其他材料

1. 初步评审需要的材料

投标人应根据招标文件具体要求，提供初步评审需要的材料，包括但不限于下列内容，请将所需材料在投标文件中的对应页码填入表格中。

序号	名称	网上电子投标文件	纸质投标文件正本	备注
	……			

注：(1) 所提供的企业证件等资料应为有效期内的文件，其他材料应满足招标文件具体要求。
(2) 投标保证金采用银行保函时应提供原件，同《投标保证金退还信息及中标服务费交纳承诺书》原件共同密封提交。
(3) 本表供评标时参考，以投标文件实际提供的材料为准。

2. 招标文件规定的其他材料。

3. 招标文件第二章“投标人须知”中的第 4.2.2 项的规定，请列出投标文件未能上传的内容目录（如有）。

4. 投标人认为需要提供的其他材料。